无人机集群防撞方法

汤　俊　阮逸润　老松杨
万　宇　黄　洋　陈　曦　著

科学出版社
北　京

内 容 简 介

本书从多个方面系统地对无人机集群的防撞方法进行介绍，包括面向无人机单机的分布式防撞策略和不同飞行场景下的多无人机防撞策略设计，以及自组织飞行条件下的无人机集群防撞问题，并给出冲突解脱方案。

本书可供航空安全领域从事理论研究以及仿真应用的科研人员参考，也可供高等院校及科研院所的研究人员参考。

图书在版编目（CIP）数据

无人机集群防撞方法/汤俊等著.—北京：科学出版社，2021.3

ISBN 978-7-03-068264-2

Ⅰ. ①无… Ⅱ. ①汤… Ⅲ. ①无人驾驶飞机-防撞 Ⅳ. ①V279

中国版本图书馆CIP数据核字（2021）第040227号

责任编辑：陈 婕 赵微微 / 责任校对：王萌萌
责任印制：吴兆东 / 封面设计：蓝正设计

科学出版社 出版
北京东黄城根北街16号
邮政编码：100717
http://www.sciencep.com
北京中石油彩色印刷有限责任公司印刷
科学出版社发行 各地新华书店经销
*
2021年3月第 一 版 开本：720 × 1000 1/16
2025年1月第四次印刷 印张：8 1/4
字数：170 000

定价：80.00 元

（如有印装质量问题，我社负责调换）

前　言

随着无人机技术的发展，多无人机协同执行任务的情况越来越常态化。无人机要完成既定任务就必须按照预定轨迹飞行，如何在飞行过程中避免碰撞成为无人机安全领域关注的重点。飞行器防撞技术在民航领域已经十分成熟，然而无人机相对灵巧，集群飞行时的数量可能很大，这与民航飞机防撞通常只涉及一对飞机同时飞行的场景大不相同，无法用传统的民航防撞方法解决无人机集群飞行防撞问题，因此需要对无人机集群飞行防撞方法进行研究。

无人机防撞方案设计的目标是通过综合考虑当前的空域状态信息及预测的状态信息，预判即将发生的飞行冲突并给出冲突解脱方案。目前对无人机集群飞行防撞方法的研究还很少，本书从多个方面系统地对无人机集群飞行防撞问题开展研究，具体包括：

(1) 面向无人机单机的分布式防撞策略设计。针对无人机单机防撞问题，提出基于关键节点选择和机动协同的分布式防撞策略。在局部空域中，所有存在威胁关系的无人机构成一个局部空域的动态复杂网络，网络中每一个节点根据其余节点的态势信息，从策略集中选取三组候选防撞策略，通过不确定性轨迹建模生成计划航迹。通过比较节点间的策略组合，根据鲁棒性原则为每一个节点确定最优防撞策略，其对应的计划航迹为无人机对某一空域的预定，是冲突发生时的逃脱路径。

(2) 面向无人机编队的控制策略。对无人机编队进行有效控制，是避免飞行器碰撞的关键环节。针对无人机编队控制，采取“领导者-跟随者”的编队形式，即以领机作为无人机编队的控制者并独立飞行，不受编队内其他个体的影响，其他个体作为僚机，跟随领机飞行，通过“共识算法”收敛到时变的期望位置并保持稳定的编队几何构型，同时基于改进的人工势场法实现编队内的碰撞避免。

(3) 多无人机随机飞行场景下的防撞策略。多无人机随机飞行场景问题是指多无人机在较小空域范围内相遇时的防撞问题。本书创新性地利用复杂网络理论对该场景进行建模，将无人机抽象为节点并将无人机与无人机之间的威胁关系抽象为边。在构建网络后，通过计算网络中节点的威胁度来确定关键节点，选中的关键节点即具有防撞优先级的无人机。在选择关键节点对应的无人机后，通过比较无人机选择不同方向防撞对网络鲁棒性的影响确定无人机的防撞方向，最后设计仿真实验验证该算法的可行性以及分析不同关键节点选择方法对效果的影响。

(4) “领导者-跟随者”飞行策略下的无人机集群防撞方法。为解决编队飞行条件下的无人机集群防撞问题，本书提出一种基于二阶共识算法和改进人工势场的无人机集群防撞方法。基于该方法，无人机集群可以从任何初始状态形成预定的阵型并且飞行到目标位置，并且当遇到障碍物时可以根据改进的平滑人工势场法避免碰撞。无人机集群采用“领导者-跟随者”策略，即领机是控制器并根据任务要求独立飞行，僚机遵循基于二阶共识算法的领机逐渐形成编队飞行。在防撞过程中，改进的人工势场法可以解决传统的人工势场法在无人机上产生剧烈抖动的问题。设计两种情景仿真实验，验证静态障碍物和动态障碍物的碰撞避免效果和编队保持效果。实验结果证明了该方法的有效性。

(5) 自组织飞行条件下的无人机集群防撞方法。本书解决在自组织飞行情况下不同无人机集群之间的防撞问题。本书采用 Reynolds 规则对无人机进行自组织飞行建模，采用参数优化框架优化无人机的自组织飞行，创新性地解决了无人机集群之间的防撞问题，提出一种无人机集群自组织飞行和防撞的方法，成功实现无人机的自组织飞行防撞。为了证明该方法的有效性，进行多种场景的仿真模拟。结果证实所提方法是有效的，成功实现无人机集群的自组织飞行防撞。

(6) 面向无人机编队的混合式防撞策略。面向无人机编队间的防撞问题，构建集中/分布式的混合控制框架，无人机编队内采取集中式控制，编队间采取分布式控制，当一组编队遇到外部威胁时，将该编队视为一个控制对象，并作为一个整体运动。领机作为编队的控制中心，负责与其他编队沟通协同，并生成编队的无碰撞轨迹，编队内僚机跟随领机运动，收敛到指定轨迹。

本书系在作者所在科研团队多年从事相关课题研究基础上凝练而成，同时吸收了国内外学者的相关成果，对于多无人机集群的防撞研究具有一定的理论价值和应用价值。为了帮助读者更好地理解书中的内容，本书提供大量的图例，以便相关领域的读者阅读。

限于作者水平，本书难免存在不妥之处，望有关专家和广大读者批评指正。

目　录

第1章　概　述

1.1　背　景

近年来，随着科技的发展，无人机技术和产业正飞速前进，越来越多的无人机涌入天空，尤其是固定翼无人机，因其具有续航时间长、可加载起重大、自动化程度高、作业流程智能化等优点而广泛应用于各个领域。随着作战范围日益扩大以及难度增加，单架无人机存在诸多限制，在执行任务时存在因视野限制而漏掉重要信息的情况，可能无法完成全方位侦察任务；在进行目标打击时，受打击范围、火力强度及打击精度等限制，整个任务的成功率会降低。为了解决单个固定翼无人机在执行任务方面的不足，无人机编队已成为现代军事发展的重点。

无人机集群在军事领域正发挥着越来越重要的作用。例如，在枯燥重复、环境恶劣、危险性高的任务上，无人机编队能够有效代替有人机进行侦察、巡逻等，还可根据战术需要更换模块化的传感器或者将不同类型的无人机进行组合，对敌方目标进行电子干扰，执行深入的情报监视和侦察任务。此外，无人机编队可与有人机相互协作，充当“忠诚僚机”的角色，可为轰炸机或战斗机等有人机提供战术掩护，迷惑敌方雷达系统，使其无法判别真正的目标；可提供目标指示和辅助瞄准，近距离抵近高风险目标进行侦察，为打击平台或者导弹等进行指引，进行通信/导航定位，或者作为通信中继，快速搭建数据链，配合完成组网任务；最引人关注的是，无人机集群衍生出了新的作战样式，尤其是“蜂群”战术，通过成百上千架无人机作为自杀式武器对敌方高价值目标，如重要基地、航母、雷达等进行饱和式攻击，可有效突破敌方防御系统，打击敌方目标。

无人机要执行任务就必须按照预定轨迹飞行，飞行过程中的防撞问题是关系到无人机安全性的重要因素。随着任务的多样化，无人机集群执行任务将成为趋势，因此无人机集群飞行情况下的防撞能力至关重要。当前，在民航领域防撞技术已经十分成熟。空中防撞系统(traffic collision avoidance system, TCAS)是避免空中事故的最后防线，其通过对附近飞机进行冲突检测，预测可能发生的冲突，并为飞行员提供防撞建议，可有效减少空中相撞事故。但是民航飞机防撞往往只涉及一对飞机的状况，并且空域交通管制在很大程度上避免了飞机受到撞击的风险。而在无人机领域，由于无人机相对灵巧，集群飞行时涉及的无人机数量可能很大，传统的民航防撞方法无法用于无人机集群飞行的防撞，需要对无人机集群飞行防撞方法进行研究。当前根据防撞策略的不同也衍生出了众多方法，包括人工势场法、动态规划法和粒子群算法等，这些方法的研究都较为深入，但也都具有难以克服的缺点，不能较好地适应无人机发展新趋势。

固定翼无人机和战斗机具有很多共同点和相似点，包括高速度、高机动性、密集编队等特点，为战斗机提供安全保障的自动空中防撞系统可以为固定翼无人机的防撞方法设计提供借鉴。随着固定翼无人机大量进入军事领域，无人-有人、无人-无人协同将成为未来训练、作战的常态，所以固定翼无人机采取同战斗机相似的防撞逻辑也有利于有人-无人之间的协同配合。同时编队化、自主化、智能化是无人机发展的新趋势，新的控制与防撞算法也应契合这一趋势，能够为固定翼无人机提供自主决策的防撞方法。

对不同集群耦合程度的无人机集群防撞进行研究才算对无人机集群防撞方法相对完整的探索，不同集群耦合程度分别是完全无规则集群、固定编队模式集群以及自组织飞行集群。因此，研究无人机集群防撞方法必须从这些方面考虑，分别建立模型并提出防撞算法。

1.2　当前研究进展

无人机集群飞行防撞方法本质上分为两部分，即无人机集群飞行方法和无人机集群防撞方法。无人机集群飞行方法比较成熟，学者在已有方法的基础上进行了若干改进形成了一整套集群飞行方法体系。无人机集群防撞的方法相对较少，因为对无人机防撞的研究主要停留在少量无人机之间的防撞和无人机集群与静止障碍物之间的防撞，但是这些情况下的防撞方法对多无人机集群飞行条件下的防撞仍然有借鉴意义。研究多无人机集群飞行防撞方法需要考虑不同集群飞行模式，包括无人机编队飞行和无人机自组织飞行。因此，下面按照无人机编队飞行方法、无人机自组织飞行方法及无人机防撞方法的顺序阐述国内外研究现状。

1.2.1 无人机编队飞行方法

2007年，Wang等[1]提出了一种双模式方法解决编队飞行防撞问题，使用一种改进的格罗斯堡神经网络来解决防撞问题，该方法能应用于多重障碍物情况，但是没有讨论多个无人机集群之间的防撞问题。2014年，Kuriki等[2]提出基于共识算法的无人机编队防撞方法，该方法主要依靠人工势场法，实现了在考虑编队情况下的防撞问题，但是没有考虑无人机集群与无人机集群之间的防撞。2015年，Kuriki等[3]利用分布式模型预测控制方法使得编队飞行具备防撞能力，该方法能够使得无人机对各自的编队飞行确定的轨迹在合理的范围内进行防撞。他将问题本质抽象为一个优化问题，各个无人机通过自身的决策与无人机集群整体保持一致最优实现防撞，该方法在时间消耗上也被证明是可行的。2016年，Chang等[4]在三维空间场景下对无人机编队飞行和防撞方法进行研究，编队是依据“领导者-跟随者”结构设计的，领机根据与目标之间的引力进行飞行，僚机依据排斥力和领机产生的引力并以领机为核心均匀分布形成编队飞行，无人机基于两种旋转向量的势场进行防撞，在依据最优的轨迹防撞后重新形成编队飞行。2017年，Seo等[5]将碰撞锥方法运用到编队飞行中并研究了基于几何的防撞方法，该方法运用视线矢量和相对速度矢量，同时编队算法中包含了动态约束，建立了无人机可执行防撞的方向集合，无人机在执行防撞操作时基于可执行防撞几何判断在防撞时是否能保持编队。2016年，Ali等[6]基于线性二次调节器，即比例-积分控制器，使用显式模型跟踪设计制订了集中式异构编队飞行位置控制方案，通过这种控制方案，在编入适当的防撞机制的情况下，编队几何形状也可以在飞行过程中切换为任意形状。2017年，Zhang等[7]基于一种触手算法解决无人机的编队飞行及防撞问题，他们修改了触手算法，使用逆导数快速匹配每个触手的半径和转向命令，减少并重建了一个速度集中的速度集和触手，将全局路径优化转换为局部搜索，选择最佳触手以快速获取无人机防撞路径，通过该防撞方法，高速无人机编队可以在非结构化环境中防撞。2017年，秦昂等[8]提出了基于全局渐近稳定控制的编队保持方法，僚机通过对领机的跟踪实现编队的保持，该方法易于实现并且能实现不同的编队。2018年，张佳龙等[9]提出了一种复合矢量人工势场法以解决无人机编队防撞问题，该方法克服了无人机编队防撞过程中遇到的局部最小的问题。但是该方法纯粹按照引力和斥力控制无人机的编队飞行和防撞，因此在运动速度很大的情况下很可能会失效，需要考虑更多因素以满足工程实际需求。刘艳等[10]提出了包含距离约束和视线角约束的人工势场法，以实现无人机 V 形编队飞行和防撞。该方法使用的是“领导者-跟随者”模型。高晔等[11]将无人机编队的防撞问题抽象为一个受约束的最优化问题，将最优化问题转化为凸优化问题后运用凸优化算法进行求解，算法的运算效率高，适合实时规划。李文光等[12]研究了在无人机编队数量很大的情况下的仿真耗时问题，提出了基于图形处理器(GPU)的并行仿真方法。该方法可以分布于多个仿真机上同时求解。谌海云等[13]利用改进的人工势场法对无人机实现三维编队路径规划，施加一个垂直于目标方向的力来跳出局部最小点，弥补了传统人工势场法的不足。毛琼等[14]提出了一种基于规则的编队队形控制方法，其中的防撞也是通过控制协议的设计实现的。顾伟等[15]提出了一种基于最优化的面向时间协同的无人机编队队形变换模型，通过该方法能得到编队队形变换的最优空间位置。吕永申等[16]提出了一种人工势场和虚拟结构相结合的无人机编队飞行控制方法，解决了传统人工势场法易于陷入局部极值的问题。景晓年等[17]提出了一种基于规则的无人机集群运动控制方法，并利用模型对集群进行动力学分析以确定集群运动航线和控制集群飞行。

1.2.2 无人机自组织飞行方法

无人机自组织飞行方法是集群系统的控制方法，从结构组成上看当前主要的控制方法有领导者-跟随者和行为控制[1]两种。领导者-跟随者方法[18]的核心思想是设定领机，使用分布式控制的方法控制其余的僚机，这样就达到了控制整个集群系统的目的。行为控制主要是依据规则和进化机制使得集群系统具备自组织能力，经典的方法主要为基于 Reynolds 规则的方法[19]。从信息共享方面看，当前主要的控制方法分为共享信息和不共享信息的控制方法。共享信息的控制方法主要包括虚拟结构法[20]、长-僚机法[21]，其优点在于逻辑清晰，缺点是控制不够灵活。不共享信息的控制方法主要包括人工势场法[22]等，这种方法在遇到实际情况时具有更大的灵活性，但是容易陷入局部最优。其中自组织表示的含义是每个无人机个体都用其自身的传感器测量自身所处的状态并且通过其自身携带的计算设备进行控制计算[23]。自组织飞行是一种集群运动，典型的集群运动形式有鱼群、鸟群、牛群等[24]，这些各式各样的集群系统都具备一个共同的特征，所有个体之间的速度矢量趋于一致，这样的行为和底层的控制机制是多无人机自组织飞行安全稳定的先决条件。因此，无人机自组织飞行问题本质是一个在个体受控制层面相对独立的情况下设计个体与群体之间相互作用关系与信息共享方案设计的问题。

Reynolds[25]于1987年首次提出类似于鱼群和鸟群的仿生运动模型——boid 模型，它基于三种简单的调整行为来调整每个个体的下一步运动，每个个体需要具备的信息是其周围相邻个体的速度和位置信息，三种调整原则包括短距离的排斥力、局部范围的校正力和全局的位置限制，功能分别对应于防撞、方向校准和聚拢。2006 年，Vicsek 等[26]提出校正规则，它可由基于直截了当的数学定理的最简化模型描述，即每个个体的速度方向都朝着本个体周围相邻个体的平均速度矢量方向改变。2006 年，Olfati-Saber[27]对自组织集群行为算法的设计和分析提出了一个理论框架，考虑了无障碍空间和有障碍空间下的集群问题，提出了基于构建罚函数的系统性方法，指出采用该方法能避免典型 Reynolds 三规则引起的分散现象，但是该方法停留在理论层面，尚没有实物飞行验证其可行性。同年，Han 等[28]针对复杂系统的集群行为提出“软控制”的控制方法，此方法可在不改变局部集群规则的情况对复杂系统的集群运动进行控制。2008 年，Ballerini 等[29]发现拓扑距离是维持集群的重要参数，在遇到外界个体入侵时有利于保持集群的汇聚效应不被破坏，并做了仿真验证。2011 年，Hauert 等[30]认为无人机的通信距离和改变飞行姿态的速度对无人机的集群运动产生重要影响，他们在 10 架固定翼无人机情况下对通信距离与飞行动态进行了详细的研究，并给出了不同情况下的最优通信距离与转向速率指标。2012 年，Clark 等[31]运用 boid 导航算法对无人机的自组织飞行进行了尝试，实体飞行试验包含两架固定翼无人机，这次试验是可实际使用的分布式导航系统迈出的重要一步，但该算法鲁棒性不强，没有包含路径跟随系统。2013 年，Quintero 等[32]采用了领导者-跟随者模式的集群方案来跟踪目标，该算法通过构建僚机相对领机的距离和航向角构造的罚函数优化来控制僚机。2014 年，Sajwan 等[33]对 Reynolds 的鸟群仿真算法进行了一些修改和提高，考虑了风阻、速度限制等因素。与此同时，Vásárhelyi 等[34]对 10 架四旋翼无人机进行实体自组织飞行，试验中没有基于中央数据处理，提出的模型针对有噪声、有风、数据延迟等条件进行了优化，在限定的区域内实现了自身驱动的自组织防撞能力，同时实现了稳定的编队形式的集群目标跟踪。2015 年，Kownacki 等[35]借鉴了鸽群的思想，设计的算法基于两大集群规则，即汇聚和排斥，设想一种分级集群分布式框架，加入领导者来实现固定翼无人机的自组织集群飞行，该试验的无人机数量仅为 2 架，但是实现了固定翼无人机的路径跟随。2016 年，Kownacki 等[36]针对固定翼无人机提出了无人机自组织飞行的新方法，该方法采用了 Reynolds 规则中的排斥和汇聚规则，并且采用了一个领航的特征，以此简化算法的实现。2017 年，Qiu 等[37]提出了鸽群集群算法，在不同的飞行阶段划分为分等级与平等交互模型，但是产生的轨迹仍然只适用于四旋翼无人机。同年，de Benedetti 等[38]提出了一种通过优化模型集群行为的一组参数的分散化容错自组织集群方法，其中考虑了无人机的相对距离、路径规划、领导者的动态选择、容错能力等方面，同时还设计了一款模拟无人机飞行的软件工具，该工具可以计算出一组参数来对其算法实际使用时提供重要辅助，该方法具有很高的容错性和效率。2015 年，Di 等[39]基于 Reynolds 的集群算法设计了能支撑无人机集群飞行的算法框架，其中采用了 Pixhawk 系统对无人机进行底层控制，该方法是对四旋翼无人机自组织飞行的一次成功尝试。2020 年，Qiu 等[40]将无人机集群飞行防撞问题抽象成一个多目标优化问题，设计了一个无人机集群分散优化控制框架，这样使得很多目标的优化问题转化为可由单一无人机解决的多目标优化问题，考虑到单一机载计算设备的限制，用鸽群启发下的改进多目标优化算法实现了分布式集群控制算法，该算法使得无人机在复杂环境下以稳定的队形飞行，但该方法的队形灵活性受到了限制，并且优化过程的时间消耗将影响集群飞行的效果。最具有权威的研究成果为 2018 年 Vásárhelyi 等[41]成功实现的 30 架四旋翼无人机的自组织飞行，他们使用的方法仍然在很大程度上借鉴了 Reynolds 的集群思想并进行了改进，通过巧妙地构造适应性函数和巨大的仿真计算求解出最优参数，试验结果在数量上和质量上都是巨大的飞跃。

1.2.3 无人机防撞方法

当前的无人机防撞方法主要基于几何方法、人工势场法、优化方法、生物启发式方法、马尔可夫方法，本质上防撞问题是决策问题。若对飞行过程建模的方式不同，则采用的方法类别不同，如基于几何的方法善于精确求解一对无人机的防撞问题，而在对整个路径做规划时采用优化的方法更加合适。

2002 年，Richards 等[42]用混合整数线性规划描述飞机防撞问题，用商业求解软件即可求解防撞方案，该方法随着空域交通密度的增加求解速度下降，在高密度空域情况下难以实时防撞。2004 年，Kwag 等[43]对传感器的参数针对相应的安全性规则做了一个评估，为小型无人机设计了一款轻便的传感器，这为无人机的防撞提供了硬件基础。2006 年，Christodoulou 等[44]将飞机防撞问题视为一个混合整数非线性规划问题，且只考虑速度变化操作，但是可解决的飞机数量为 10 架以内。同年，Vivona 等[45]提出一种新的基于提前定义的防撞操作模式和改进的遗传算法的飞机防撞方法，该方法为飞机防撞系统的设计提供了一种新思路。2008 年，Park 等[46]提出了基于简易几何的无人机防撞方法且将该方法由二维向三维扩展。2011 年，Manathara 等[47]提出了一种多无人机防撞规则，首先处理最紧迫的威胁，操作方案为朝着视线最多的方向飞行来防撞，该规则在六自由度模型下经过仿真验证结果可行。同年，Zsedrovits 等[48]提出基于视觉探测的无人机防撞算法，局限在于云层的反差不能过大，否则无法准确探测威胁飞行物。2012 年，Chakravarthy 等[49]提出了基于碰撞锥对二次曲面的障碍物进行建模的防撞方法，对无规则障碍物同样适用，但是对于多障碍物的最优防撞操作没有研究。2014 年，Cafieri 等[50]提出了速度限定下的混合整数规划优化算法模型以解决飞机防撞问题，并提出了启发式的步骤使得局部有解，计算结果表明该方法能够给出满意的防撞解决方案，其缺点在于构建的模型相对复杂不易懂。2013 年，Ruiz 等[51]使用基于四维轨迹的中程冲突检测和防撞方法解决最后防撞操作区域内的冲突威胁，该方法经过了实体航空电子设备的检验，有望在实际的防撞操作系统发挥实时功能。2014 年，Yang 等[52]对无人机的三维航迹规划做了综述，主要考虑如何在复杂环境下找到最优的无碰撞路径。2000 年，Durand 等[53]提出了基于遗传算法改进的神经网络算法的防撞算法，该算法相对传统的防撞算法具有更快的反应时间，因此更加可靠，但是鲁棒性有待提高，针对两架以上的无人机就具有挑战。2015 年，Yu 等[54]按照传感技术、决策技术、路径规划、路径跟随的顺序对无人机的防撞系统进行了研究综述。Yang 等[55]提出基于两层优化算法的无人机防撞方法，该方法中无人机的相互关系由几何方法获得，防撞模型被抽象为非线性优化问题，此时由随机平行梯度下降算法和内点算法组成的两层算法可以高效地解决该非凸优化问题，仿真结果表明该方法效果很好，但是只考虑了水平方向的防撞操作。Alonso-Ayuso 等[56]提出基于转向防撞操作的变量邻域搜索启发式算法来解决防撞问题，其优点在于其相对于混合整数非线性规划模型有更快的计算能力，这样能够满足实际情况，实时给出防撞解决方案。2016 年，Alonso-Ayuso 等[57]用混合整数线性规划方法解决飞机防撞问题，该方法只需要很短的计算时间，符合实际需求。Roelofsen 等[58]提出了基于势场的限定视线范围情况下的多无人机防撞算法，结果表明在三维条件下转向率更低。Tang 等[59]提出了基于着色 Petri 网的空中交通防撞模型用以分析潜在的威胁，试验表明该方法能为未来的空中交通管理系统提供重要辅助信息。Soler 等[60]针对无人机防撞的燃油效率问题提出一种混合最优控制方法，将该混合最优控制问题转化为一个非线性优化问题，仿真结果表明，该方法可以实现燃油效率的最优。Alonso-Ayuso 等[61]提出一种精密混合整数非线性优化防撞方法，考虑到该模型是个非凸问题，超过 10 架飞机的情况就不适合用该方法求解，时间消耗不满足实际需求。2017 年，Tang[62]对空中交通防撞系统做了综述，主要是针对民航防撞系统进行研究。Jenie 等[63]从监视系统、协调性、操纵方案、是否自主等方面对无人机防撞问题做了综述。Lin 等[64]提出了一种基于抽样的路径规划方法，该方法能避免无人机与其他飞机和障碍物的碰撞并且经过了仿真和实际飞行的检验，试验同时证明了该方法可用于不同的无人机平台上。朴海音等[65]对动态威胁下的无人机防撞进行了研究，提出了合作系数并采用最优化理论对合作型无人机规避动态威胁的最优规避策略进行求解，该方法能有效实现对动态目标的防撞，但是没能解决面对多个动态威胁的防撞问题。2018 年，毛琼等[66]采取融合和改进的手段研究了三维空间理想全通信条件下的集群控制问题，通过将局部规则与势场法融合，产生了一种新的引力斥力函数，对未知突发障碍在有限区域感知的基础上提出了应急避障策略，在控制集群运动方面灵活性强、一致性好、避障效果显著。Tang 等[67]设计出一种基于离散事件仿真的图形化建模分析软件(GMAS)，用该建模形式对飞机防撞系统进行建模，结果表明该模型不仅能够使得分析碰撞风险的过程更易令人理解，还能对飞行员起到辅助提示作用。朱创创等[68]采用自下而上的建模方法，对单个个体建立变系数控制器，以此解决无人机集群自组织防撞问题，仿真验证了该方法能够实现集群对单一障碍物和重合障碍物的有效规避。

1.3 本书主要研究内容

本书研究致力于解决无人机及无人机编队的控制与防撞问题，从多个方面对该问题开展了系统的研究。具体地，针对固定翼无人机单机的防撞问题，本书提出基于关键节点选择和机动协同的固定翼无人机防撞策略；对于固定翼无人机编队的队形控制和编队内部的防撞问题，本书研究基于共识和“领导者-跟随者”编队的控制策略，该策略可以保证编队内部无人机按照要求收敛至指定位置，维持编队稳定的几何构型，以避免编队内部的冲突；针对固定翼无人机编队，综合考虑编队内部防撞和外部防撞问题，本书提出基于策略协同的集中/分布混合式无人机编队的控制与防撞方法，保证无人机编队在飞行过程中，既能够维持内部安全，保持稳定的几何构型，又能够有效应对外部威胁。此外，本书对三种不同飞行场景下无人机集群的防撞问题进行研究，分别是多无人机随机飞行场景下的防撞问题、编队飞行条件下的无人机集群防撞问题、自组织飞行条件下的无人机集群防撞问题。本书首先探讨在高密度空域条件下无人机的防撞方法，建立基于复杂网络的防撞模型，通过对空域内无人机进行网络建模，并通过网络计算无人机在遇到冲突时的受威胁程度，来确定执行防撞操作的优先级顺序，最后通过鲁棒性最小原则确定防撞的方向。针对编队情况对无人机防撞问题进行研究，在基于二阶共识算法的编队飞行基础上，无人机借鉴人工势场法原理对障碍物进行防撞操作。当场景为两无人机集群之间的冲突时，该防撞方法依然能够使得无人机集群之间的无人机成功防撞，并且在防撞结束后立刻恢复既定编队队形。在研究编队飞行防撞后，对无人机自组织飞行条件下的防撞方法进行研究并提出相应算法，实验表明该算法能够成功实现无人机的自组织飞行，同时能够实现无人机集群自组织飞行条件下的防撞，包括己方无人机与己方无人机、己方无人机与对方无人机之间的防撞。

第2章　无人机集群飞行防撞框架和关键技术分析

无人机集群飞行防撞需要控制系统提供完整的防撞框架，基于该防撞框架才能对系统进行工程实践和方法改进。防撞框架应该具有灵活性、组合性和鲁棒性，因此需要对该防撞框架进行合理的设计。本章提出无人机集群飞行防撞框架，并对防撞方法的关键技术进行梳理，重点有编队防撞技术以及自组织飞行防撞技术。

2.1　无人机集群飞行防撞框架

无人机集群飞行防撞框架包括通信、数据存储、轨迹预测、威胁检测、态势评估、方案生成等模块，各个模块相互配合实现无人机飞行防撞。无人机集群飞行防撞是在无人机形成集群的基础上进行防撞，不同点仅仅在于无人机形成集群的方式。

2.1.1　无人机集群飞行防撞框架的设计

有人飞机的防撞框架主要是对收集到的信息进行态势分析，给飞行员提供决策辅助建议，在遇到危急情况使用 TCAS 协议进行自动防撞，其信息的循环主要体现在与飞行员之间的交互。而无人机集群的飞行防撞信息流就在内部循环，没有人为决策的一环，因此原则上鲁棒性更强，能够针对当前的空域态势设计出比较严谨的冲突解决方案。

基于复杂网络的无人机集群飞行防撞框架如图 2.1 所示，由冲突检测、协调调度和冲突解脱三个模块构成。冲突检测模块由初始环境信息、飞行计划和传感器信息三个信息源驱动，通过无人机机载通信设备获得周围无人机的消息，基于轨迹预测判断是否有冲突。协调调度模块主要负责信息的校准和无人机的集群控制。冲突解脱模块主要负责对当前空域态势的评估与方案生成，以便对生成的方案进行多米诺效应分析与航迹轨迹优化。冲突检测模块与协调调度模块进行信息交互，冲突解脱模块也与协调调度模块进行信息交互。各个模块相互配合以实现无人机集群的飞行防撞。

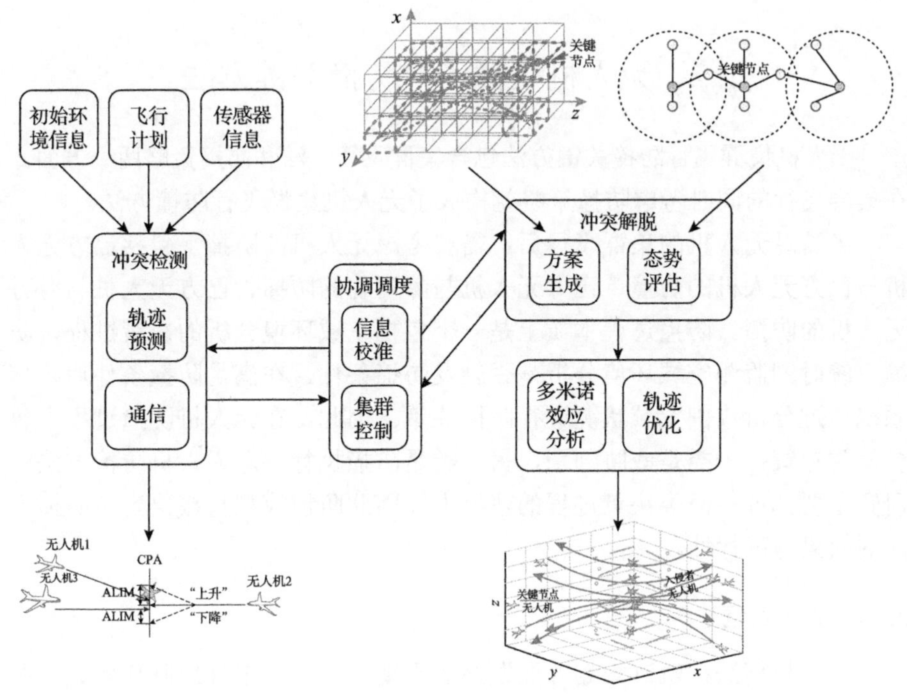

图 2.1　基于复杂网络的无人机集群飞行防撞框架

在该无人机集群飞行防撞框架中，对各个模块进行设计就能达到不同的效果，针对不同的集群飞行模式也能通过该框架设计出相应的防撞模块和通信策略。

2.1.2　基于复杂网络的无人机集群飞行防撞思路

基于复杂网络的无人机集群飞行防撞思路主要是将无人机抽象为节点，然后通过对节点之间关系和网络的研究分析出空域状态，进而提出防撞决策方案。这种思路下的防撞决策更具有科学性，因为分析了整个空域的情况，能更好地防止多米诺效应的发生。在无人机数目增大的情况下就不能单纯依靠规则进行防撞，因为单一的规则很容易产生死锁情况，进而产生多米诺效应。基于复杂网络的无人机集群飞行防撞方法从网络的角度分析空域态势，能够给出相对准确而安全的防撞方案。

集群飞行防撞中需要在保持基本队形的同时注意防撞，因此防撞逻辑应当考虑每一架无人机的状态，协调无人机维持队形与防撞之间的关系。

2.2　无人机集群飞行防撞关键方法

无人机集群飞行防撞关键方法包含集群飞行方法和防撞策略两个方面。在集群飞行的同时考虑防撞策略就构成了无人机集群飞行防撞方法。

当满足无人机的集群飞行后，需要考虑无人机的防撞，包括己方无人机与己方无人机的防撞、己方无人机与障碍物的防撞、己方无人机与对方无人机的防撞。防撞过程本质上是一个包括空域环境分析的决策过程，防撞系统时刻监测空域环境分析是否触发防撞条件，在满足防撞条件后防撞系统通过分析周围空域状况进行防撞决策。因此，在无人机防撞过程中包含两类决策：一类是威胁判别，另一类是防撞执行。对无人机防撞方法的研究主要体现在两类决策过程的建模上，因此防撞模型直接决定了防撞方法的效果与可行性。

2.2.1　人工势场法

人工势场法在轨迹规划方面发挥了重要作用，能很好地胜任多无人机集群飞行的情况。人工势场法巧妙地将势场的概念运用到航迹规划领域，在人工势场法作用下特定的环境产生特定的势场，因此能够确定唯一路径。该方法能够有效做到防撞，但是存在一定的局限性，主要体现在防撞距离的控制和防撞过程产生抖动，改进的人工势场法能够克服这些现象的产生。但是单纯依靠人工势场法无法解决无人机集群飞行的情况，因为在人工势场法的作用下无人机能做到与周边障碍物的防撞，但是没有考虑无人机与无人机之间的防撞。与此同时，无人机集群飞行时还有队形的要求，队形包括类似于鸟群的自组织飞行队形和既定的固定编队队形。人工势场法在本书的方法框架中是基础，因为所用到的其他方法都将包含人工势场法的内涵。在集群飞行中分为自组织编队飞行和固定编队飞行，自组织编队飞行方法主要通过研究大自然中生物群体的集群现象总结出运动规则，并将规则运用到无人机集群飞行中。该方法有不错的仿生效果，但是同样需要进行修饰和改进以满足无人机的飞行需求。

2.2.2　传统民航防撞系统防撞方法

在当前的空域管理系统中已经有现成的方法实现飞机防撞。人在防撞过程中是非常重要的一环，因为人具备分析空域状态并做出决策的能力。但是由于可能出现操作失误，出现了空域警报系统，该系统体现在飞机的仪表盘和地面空域管理部门的显示器上，并为飞行员提供辅助决策。

民航防撞系统最常用的是 TCAS，该系统被视为防撞最后一道防线，飞机快要撞击的最后时间段将防撞决策交由 TCAS 执行。TCAS 将自动为受威胁的两架飞机分配防撞解决方案，发送防撞指令，通过调整飞机垂直方向的方向和加速度来防撞。在工程上，只采取改变垂直方向上的参数更为简单，计算量较小且易于实现。

2.2.3　基于共识算法的编队飞行方法

共识算法的目标是使用位置和速度信息控制无人机以获得一个运动的编队，也就是实现预想的无人机与无人机之间相对位置。每一架无人机的信息来源是周围的无人机，无人机与无人机之间通过通信链路连接，通信链路与无人机共同构成无人机编队网络。值得一提的是，该编队网络与无人机的具体位置坐标没有任何关系，因此无人机通过该无人机编队网络在不需要在意本无人机具体坐标的情况下仍然能知道下一步的运动策略。编队控制从某种意义上看就是一个共识问题，因为无人机集群为了实现稳定的队形就需要达到共同的速度，所以编队问题是由二阶方程决定的。

在无人机编队飞行防撞过程中，无人机集群在完成防撞任务的同时在防撞结束后继续恢复原队形。因此这种情况下的防撞问题是一个两阶段问题，当防撞警报触发时，无人机集群按照防撞方案进行飞行，当防撞过程结束时重新形成编队飞行。

2.2.4　基于 Reynolds 规则的自组织飞行方法

无人机自组织飞行的基础是规则。Reynolds 规则抽象出自然界鸟群的飞行规则，使得无人机分布式控制成为可能。无人机只需要对接收到的信息进行处理，根据 Reynolds 规则求出下一步的运动方向和速度即可实现自组织飞行。该方法的难点在于设置各个规则对应的力的函数以及各个力的权重系数，因为这些参数都将直接影响实际飞行效果。

防撞方面，在无人机集群无障碍飞行的情况下，集群只需要依据 Reynolds 规则即可实现无人机之间的防撞。但是在无人机集群与非己方无人机集群相遇时，单纯的 Reynolds 规则就没办法解决防撞问题。与编队飞行防撞类似，需要考虑非己方无人机集群产生的力场，同时需要制定防撞条件。

2.3 无人机的运动过程建模

无人机的运动过程建模是对其运动规律的数学描述，是编队控制与防撞方法研究的基础。无人机是一个极其复杂的运动系统，需要准确描述其运动方程，但无人机的运动过程建模有很多种，可以将其看成一个刚体，采用六自由度运动建模，也可以简化为一个质点，采用三自由度运动建模。两种建模方式具有不同的优缺点，适用于不同的场景。本书对无人机的运动过程建模采用两种方法，即基于六自由度的无人机运动过程建模和Piccolo 控制的无人机运动过程建模。前者更加精确，用于轨迹预测，将编队内领机筛选的防撞策略生成相对应的计划航迹；后者更加简洁，适用僚机的运动过程。

2.3.1 基于六自由度的无人机运动过程建模

无人机的运动过程极其复杂，在对无人机的未来航迹进行预测时，为了保证其准确性，采用基于六自由度的无人机运动过程模型对其进行建模。

其质心运动方程如下：

$$m\frac{\mathrm{d}V}{\mathrm{d}t}=P\cos\alpha\cos\beta-X-G\sin\theta \tag{2.1}$$

$$mV\frac{\mathrm{d}V}{\mathrm{d}t}=P\left[\cos\alpha\sin\beta\sin\gamma_{\mathrm{s}}+\sin\left(\alpha+\alpha_P\right)\cos\gamma_{\mathrm{s}}\right]+Y\cos\gamma_{\mathrm{s}}-Z\sin\gamma_{\mathrm{s}}-G\cos\theta \tag{2.2}$$

$$-mV\cos\theta\frac{\mathrm{d}\psi_{\mathrm{s}}}{\mathrm{d}t}=P\left(-\cos\alpha\sin\beta\cos\gamma_{\mathrm{s}}+\sin\alpha\sin\gamma_{\mathrm{s}}\right)+Y\sin\gamma_{\mathrm{s}}+Z\cos\gamma_{\mathrm{s}} \tag{2.3}$$

其中，V 为无人机相对于地面坐标系的绝对加速度；P 为无人机的发动机推力；G 为无人机重力；m 为无人机质量；θ 为航迹倾斜角；ψ_{s} 为航迹偏角；γ_{s} 为航迹滚转角；α 为迎角；β 为侧滑角；α_P 为无人机俯仰角。

其力矩方程如下：

$$I_x\frac{\mathrm{d}\omega_x}{\mathrm{d}t}+\left(I_z-I_y\right)\omega_y\omega_z+I_{xy}\left(\omega_z\omega_x-\frac{\mathrm{d}\omega_y}{\mathrm{d}t}\right)=\sum M_x \tag{2.4}$$

$$I_y \frac{\mathrm{d}\omega_y}{\mathrm{d}t} + \left(I_x - I_z\right)\omega_z\omega_x + I_{xy}\left(\omega_y\omega_z - \frac{\mathrm{d}\omega_x}{\mathrm{d}t}\right) = \sum M_y \tag{2.5}$$

$$I_z \frac{\mathrm{d}\omega_z}{\mathrm{d}t} + \left(I_y - I_x\right)\omega_y\omega_x + I_{xy}\left(\omega_x^2 - \omega_y^2\right) = \sum M_z \tag{2.6}$$

其中，ω_x、ω_y、ω_z 分别为绕机体纵轴 O_x、横轴 O_y、立轴 O_z 的角速度；M_x、M_y、M_z 分别代表力矩；I_x、I_y、I_z 分别代表绕机体纵轴、横轴、立轴的转动惯量；I_{xy} 为无人机对机体纵轴和立轴的惯性积。

2.3.2 Piccolo 控制的无人机运动过程建模

Piccolo 航空电子设备中的自动驾驶仪由七个 PID 回路和一个转向补偿器组成[69]。内部控制回路可调节无人机的空速、海拔、转弯率等。系统的纵向动力学及高度和速度状态被建模为具有饱和约束的解耦一阶微分方程。Piccolo 控制的无人机运动过程建模[70]的简化方程如下：

$$\dot{x}_{\mathrm{e}} = u\cos\theta \tag{2.7}$$

$$\dot{y}_{\mathrm{e}} = u\sin\theta \tag{2.8}$$

$$\dot{u} = 1/T_u\left(-u + u_{\mathrm{cmd}}\right),\quad \underline{u} \leqslant \dot{u} \leqslant \overline{u} \tag{2.9}$$

$$\dot{\theta} = \omega \tag{2.10}$$

$$\dot{\omega} = 1/T_\omega\left(-\omega + \omega_{\mathrm{cmd}}\right) \tag{2.11}$$

$$\dot{z}_{\mathrm{e}} = 1/T_z\left(-z + z_{\mathrm{cmd}}\right),\quad \underline{z} \leqslant \dot{z} \leqslant \overline{z} \tag{2.12}$$

其中，$\left(x_{\mathrm{e}}, y_{\mathrm{e}}, z_{\mathrm{e}}\right) \in \mathbf{R}^3$ 是无人机在地面坐标系下的坐标；u 是无人机速度；ω 是无人机的转向率；θ 范围为 $[-\pi,\pi]$；外部输入包括 u_{cmd}、ω_{cmd} 和 z_{cmd}，下标 cmd 表示控制输入；时间常数包括 T_u、T_ω、T_z。其中内部控制回路产生抽象动力学，将平面动力学与高度动力学分离。

2.4 本章小结

本章对无人机集群飞行防撞问题涉及的相关理论进行了介绍，具体体现在两个方面，即无人机集群飞行和无人机集群防撞，并介绍了关键方法的大致思想及改进思路。本章提出了无人机集群飞行防撞框架，并创新性地提出了基于复杂网络的无人机集群飞行防撞思路。本章提到的无人机集群飞行防撞关键方法主要包括人工势场法、基于共识算法的编队飞行方法，以及基于 Reynolds 规则的自组织飞行方法，同时介绍了无人机的运动过程建模及传统民航防撞系统防撞方法的大概思路。

第 3 章　面向无人机单机的分布式防撞策略

在局部空域中，所有存在威胁关系的无人机构成一个局部空域的动态复杂网络，其中节点代表无人机，边代表无人机间的威胁关系。图 3.1 为面向无人机单机的分布式防撞策略结构图，每一架无人机获取邻近个体的态势信息，并通过航迹管理单元对威胁机进行评估，根据威胁机几何态势从策略集中选取三组候选防撞策略，然后将候选策略生成三组相对应的计划航迹。比较节点间的策略组合，并从关键节点开始，根据鲁棒性原则为每一个节点确定最优防撞策略，最优防撞策略对应的计划航迹即无人机对某一空域的预定。当网络即将崩溃时，即当无人机将发生碰撞时，按照该计划航迹飞行以避免碰撞发生。

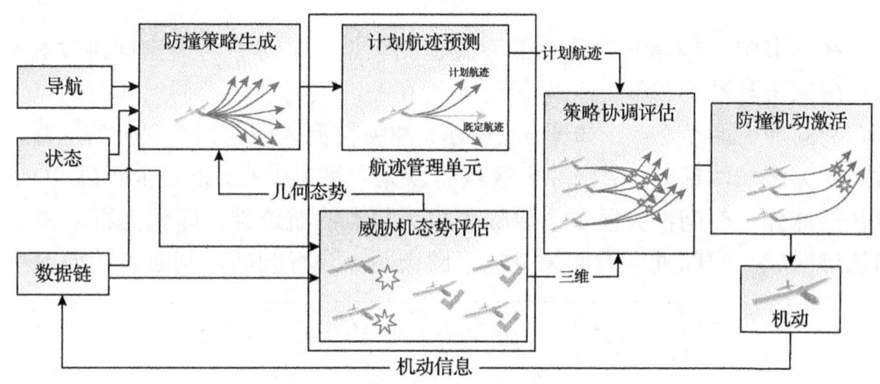

图 3.1　面向无人机单机的分布式防撞策略结构图

3.1　时空混合冲突检测模型

冲突检测单元会根据无人机与周围无人机的态势信息来判断无人机间是否存在威胁关系，并进一步评估威胁程度。在无人机集群中，无人机常常以编队飞行，同一编队个体间距离较小，但其相互接近速度也很小，且轨迹不重叠，所以不构成冲突。仅以距离作为冲突判断依据的常规检测算法具有很大缺陷，会导致警报误触，不适用于无人机集群。

本书对无人机所在的局部空域进行建模，采用的是欧几里得三维空间(无曲度模型)，如图 3.2 所示。一般情况下，解决无人机防撞问题，均需要考虑地球椭球面造成的曲度，本书面向操作级的无人机协同防撞研究，时间跨度很小(小于 1min)，无人机分布紧凑，因此可简化局部空域模型，构建经度、纬度和高度三维坐标系，大大减小了计算量。

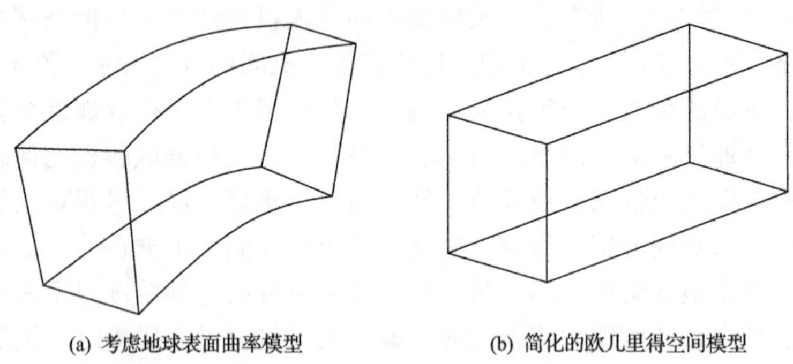

(a) 考虑地球表面曲率模型　　(b) 简化的欧几里得空间模型

图 3.2　考虑地球表面曲率模型与简化的欧几里得空间模型

在本书中，构建时空混合的冲突检测模型，即综合考虑空间维度和时间维度来进行冲突检测。当两架无人机存在冲突时，需要同时满足时间冲突和空间冲突两个条件。如图 3.3 所示，冲突检测区域包括空间冲突区域和时间冲突区域两部分。空间冲突区域为以无人机为中心，以安全距离 SD 为半径的球体；时间冲突区域为以无人机为起点的航迹锥，即无人机未来 5s 的轨迹区域。空间冲突检测模型基于欧氏距离进行判断，判断条件如下：

$$\sqrt{\left(x_i^{t_0}-x_j^{t_0}\right)^2+\left(y_i^{t_0}-y_j^{t_0}\right)^2+\left(z_i^{t_0}-z_j^{t_0}\right)^2}<\mathrm{SD} \tag{3.1}$$

$P_i^{t_0}=\left[x_i^{t_0},y_i^{t_0},z_i^{t_0}\right]$为个体 i 在 t_0 时刻的三维坐标，$P_j^{t_0}=\left[x_j^{t_0},y_j^{t_0},z_j^{t_0}\right]$为个体 j 在时刻 t_0 的三维坐标。

时间冲突区域是以当前位置为轨迹起点的锥形区域，表示无人机从当前时刻 t_0 到未来某一时刻 t_0+T 的潜在空间位置，当两架无人机在空间维度发生冲突时，即无人机的时间冲突锥在时空维度上交叉，其判定条件如下：

$$\exists t\in\left(t_0,t_0+T\right),\ \left(D(t)^i-D(t)^j\right)<\mathrm{ISD} \tag{3.2}$$

式中，$D(t)^i$ 是以无人机 i 在时刻 t 的预测位置范围，即考虑误差后，无人机 i 在未来时刻 t 可能出现的位置；ISD 是隔离区域半径。

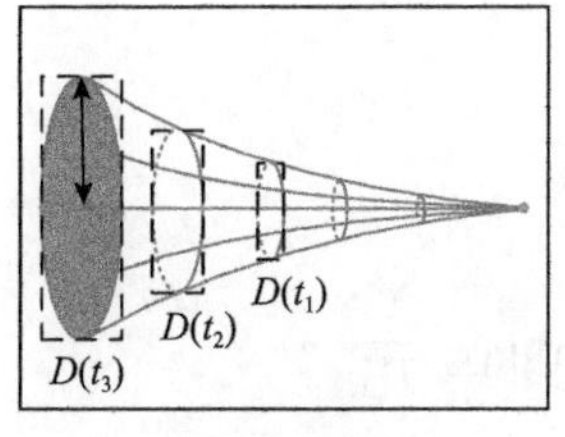

时间冲突区域

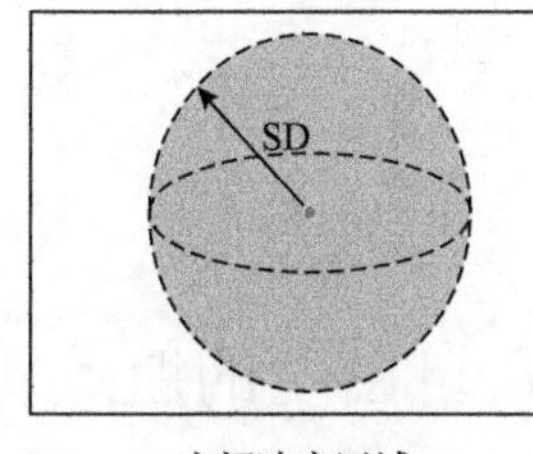

空间冲突区域

隔离区域

图 3.3　时空混合的冲突检测模型

无人机隔离区域是以无人机为中心的球形空间，半径为无人机的翼展、设定值及误差的和。任何其他无人机都不能穿越无人机的隔离球体，否则视作引发碰撞。对于任意两架冲突的无人机 A 和 B，在进入无人机 B 的隔离区域之前，单机 A 都可以采取多种机动来避免进入隔离球体，但因为本身性能的限制，如滚转速率、爬升率等，当超过某一临界激活点后，无论个体 A 采取何种机动都无法避免穿越 B 的隔离球体。临界逃逸点为两架无人机采取机动避免发生碰撞的最晚时刻，与无人机的性能、状态及相对态势有关。定义逃逸时间(time to escape)为在无人机采取任何操作都无法避免冲突的情况下，距离碰撞发生的剩余时间。

由无人机组成的空域称作碰撞空域，将所有存在冲突的无人机编为网络节点，同时对存在冲突的无人机进行连线，每一条边都具有属性，代表两节点间的相互威胁程度。两个个体间的威胁程度与两者的相对距离和接近速度有关，与相对距离呈负相关，与接近速度呈正相关，用 R 代表边的属性，即无人机间的威胁关系。

$$R_{ij}=\frac{\mathrm{RS}_{ij}}{\mathrm{RD}_{ij}},\quad \mathrm{RS}>0 \tag{3.3}$$

$$\mathrm{RD}_{ij}=\sqrt{\left(u_i-u_j\right)^2+\left(v_i-v_j\right)^2+\left(w_i-w_j\right)^2} \tag{3.4}$$

$$\mathrm{RS}_{ij}=\frac{\left(x_i-x_j\right)\times\left(u_i-u_j\right)+\left(y_i-y_j\right)\times\left(v_i-v_j\right)+\left(z_i-z_j\right)\times\left(w_i-w_j\right)}{\sqrt{\left(x_i-x_j\right)^2+\left(y_i-y_j\right)^2+\left(z_i-z_j\right)^2}} \tag{3.5}$$

其中，u、v、w 分别代表 x、y、z 方向的速度。

对于每一架无人机，其关键度为

$$E_i = \sum_{j=1}^{N} R_{ij},\quad i \in \{1,2,\cdots,N\} \tag{3.6}$$

3.2　基于六自由度的航迹管理单元

轨迹管理单元对无人机的航迹进行管理，包括自身航迹管理和威胁机航迹管理。自身航迹管理模块对无人机未来 5s 的轨迹进行预测，生成时间冲突锥，并通过数据链传输到相邻节点；其次，它生成防撞策略对应的计划航迹。在对无人机进行状态预测时，包括一定的不确定性：①导航不确定性；②航迹预测不确定性；③航迹重建/拟合不确定性；④数据链传输不确定性；⑤航迹数据计算不确定性。

因此，本书引入不确定性状态空间建模，它将无人机的预测位置与误差半径结合起来，以确保无人机所有实际的未来位置 $Q(t+\Delta t)$ 都将落入这个区域。如图 3.4 所示，将在 $t+\Delta t$ 时刻的预测位置 $P(t+\Delta t)$ 扩展为以 $P(t+\Delta t)$ 为圆心、以 $R(\Delta t)$ 为半径的圆。其中 $P(t+\Delta t)$ 通过六自由度运动模型得到。误差半径 $R(\Delta t)$ 与不确定性有关，且随时间增加而增大，在不同时间点的圆最终构成圆锥 $\mathrm{CR}(t,t+\Delta t)$。

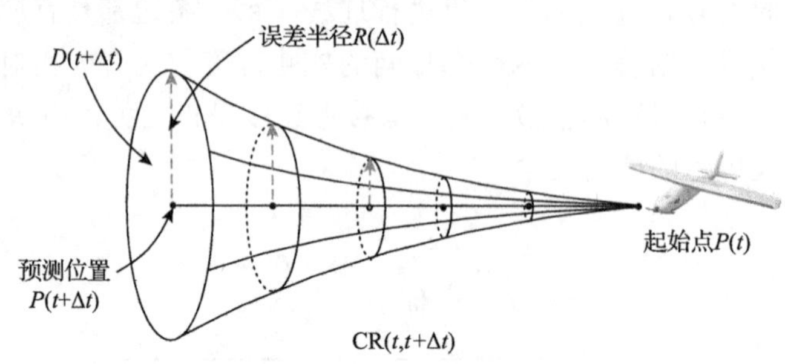

图 3.4　时间冲突锥

$$D(t+\Delta t) = \{Q(t+\Delta t) \mid \|Q(t+\Delta t) - P(t+\Delta t)\| < R(\Delta t)\} \tag{3.7}$$

$$\mathrm{CR}(t,t+\Delta t) = \{D(t+\Delta t) \mid \forall \Delta t \in [0,T]\} \tag{3.8}$$

误差半径 $R(\Delta t)$ 可简化为以下二次函数：

$$R(\Delta t)=a(\Delta t)^2+b\Delta t \tag{3.9}$$

其中，指标 a 和指标 b 与无人机性能、数据链和环境等诸多因素有关，本章中，a 与 b 的值分别设置为 0.425 和 1.19。

威胁机航迹管理模块负责接收和处理周围无人机的输入数据。周围无人机分为两类：①合作型无人机，搭载航迹管理单元，其自身生成计划航迹，并将相关信息通过数据链传递给其他无人机，航迹管理单元接收到周围无人机的轨迹数据后，通过轨迹拟合得到其预测航迹；②非合作型威胁无人机，无人机通过雷达等其他途径获取其余无人机状态信息。同一架威胁无人机的数据可能来自不同的源，航迹管理单元按数据源进行优先级排序，集合目标无人机的当前状态信息，将它们汇总到统一结构的列表中。专用数据链优先级最高，其余数据链优先级其次，最后是来自雷达和不明确数据源的数据。航迹管理单元通过获取的目标无人机信息对无人机轨迹进行预测。如图 3.5 所示是航迹管理单元处理多源数据原理图，消除/合并重复的威胁目标机信息，将剩下的航迹映射到统一的“相关输出威胁列表”，从而统一了时间，便于检测目标机和本机信息是否存在碰撞风险。当达到从上一有效数据包开始计时的阈值时，由于数据的不可靠性，相应目标机将从“相关输出威胁列表”中删除。

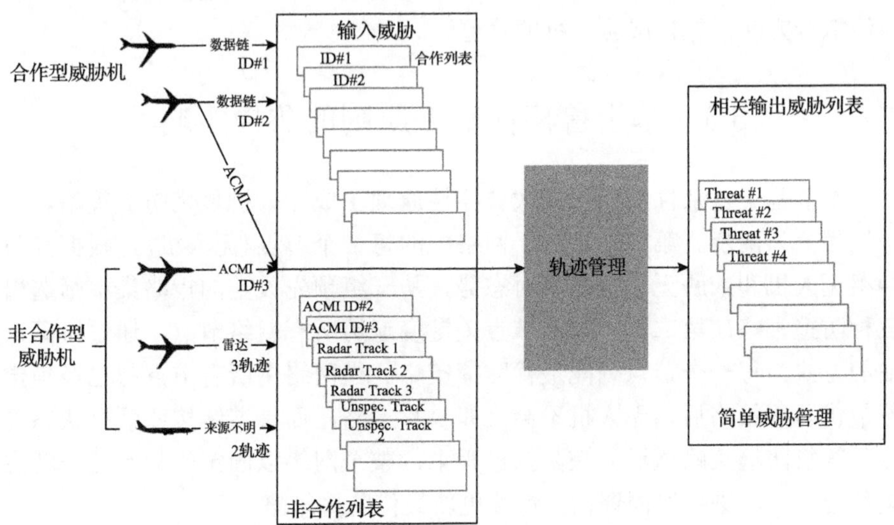

图 3.5　航迹管理单元处理多源数据原理图

无人机专用数据链中包含了目标机遵循的机动飞行轨迹信息，但其他数据源的目标机真实轨迹难以获取，需要目标机航迹管理模块根据可获取的信息构造其运动轨迹：

(1) 如果获取了加速度信息且目标机是低过载加速度运动，则使用运动模型预测其运动轨迹。

(2) 如果获取了加速度信息且目标机是高过载加速度运动，则使用恒定半径围绕中心点旋转模型预测其运动轨迹。

(3) 如果不能获得加速度信息，则沿速度向量拓展的方式预测运动轨迹。

(4) 如果不能获得加速度信息且威胁机速度极低，则使用弹道模型预测其运动轨迹。

由于防撞策略通常在碰撞前 3～4s 激活，预测持续时间需要超过 4s，为了全面平衡计算负载和系统需求，将预测持续时间设置为 5s，系统将生成无人机未来 5s 内的计划航迹。考虑到无人机的预测精度、计算效率和实际性能，仿真运行频率设定为 10Hz，即无人机每隔 0.1s 更新飞行状态，筛选候选策略和相对应的由 50 个离散位置组成的计划航迹。

随后，无人机通过数据链将计划航迹信息发送给相互冲突的无人机。为了减少数据量，仅仅传输未来 1s、2s、3s、4s、5s 时刻的位置点。无人机的航迹管理单元接收并处理来自入侵飞机的计划航迹数据，并采取二次曲线拟合方法，重构威胁飞机的轨迹。

3.3 基于鲁棒性最大原则的防撞策略

本节基于复杂性网络的最大鲁棒性原理生成无人机最优防撞策略。整个过程分为两步。第一步，对于网络中的每一个节点(无人机)，根据其与编组无人机和威胁无人机的相对态势，从一组预先设定的策略集中筛选出三种防撞策略；第二步，按照节点关键度遍历所有网络节点，通过协同评估的方式为每一个节点分配最优防撞策略。当网络中所有节点都已经确定好最优防撞策略后，无人机不会立即执行策略，而是继续按照既有状态飞行，等待防撞策略激活。在防撞过程中，整个网络以固定的频率处于动态更新中，不断进行协同评估，持续更新最优防撞策略。

固定翼无人机具有很大的灵活性和机动性，可以通过滚动和爬升快速改变飞行状态。在相关研究中，从预先设定的类别中选择策略。提前设置类别可以减少系统负荷，提高计算速度，保证快速响应。预先设定的策略集需满足如下要求：①策略集应包括各个方向的移动，当无人机进行防撞机动时，无人机能够往各个方向机动；②策略集中的策略能够最大限度地改变个体的飞行状态。因此，根据无人机的飞行特点，在本书中设定如下的策略集合：①向左大滚转；②向左适度滚转；③向左轻微滚转；④向右大滚转；⑤向右适度滚转；⑥向右轻微滚转；⑦以 1g 过载爬升；⑧以−1g 下降；⑨保持当前状态。

在进行机动评估和选择时，由于计算处理能力和数据链信息传输的硬件限制，每一架无人机首先从策略集中筛选出三种防撞策略。预选是基于编组无人机和威胁无人机相对本机的几何态势。考虑威胁无人机态势，即指无人机需要判断威胁无人机是在它的前向还是后向、上方还是下方、左侧还是右侧，以及是迎头还是追尾构型等。

防撞策略生成的准则是：关键节点的防撞机动应该尽可能地分解网络，当关键节点被清除以后，网络的鲁棒性和网络的组件数量应该尽可能小。当关键节点的防撞策略确定以后，网络会找出新的关键节点并重新评估连接的鲁棒性和连接组件的数目。在实际中，选择本机与目标机的最优组合的原则是：比较针对每一架无人机的可选机动，并选择能够尽量延迟激活防撞机动的组合。因此，网络的鲁棒性与预测航迹的“最小避让间距”有关，应选择最小避让间距 AD 值最大的轨迹组合，以延迟激活机动，同时使得网络鲁棒性最大。

两架无人机防撞策略对应计划航迹间的最小间距 PMR_{mn}，则网络鲁棒性 $R(N)$ 为

$$R(N)=\frac{1}{2}\sum_{i=1}^{N}\sum_{j=1}^{N}\omega_{ij}(m,n) \tag{3.10}$$

$$\omega_{ij}(m,n)=\begin{cases}\mathrm{e}^{\mathrm{AD}_{mn}(t_0,t_0+T)^{ij}-\mathrm{PMR}}, & \mathrm{PMR}\geqslant\mathrm{RD}\\ -\infty, & \mathrm{AD}<\mathrm{PMR}\end{cases} \tag{3.11}$$

$$\mathrm{PMR}_{mn}(t_0,t_0+T)^{ij}=\min\left(\left|P_m(t_0+t)^i-P_n(t_0+t)^j\right|-R_m(t)^i-R_n(t)^j\right),\quad t\in(0,T) \tag{3.12}$$

其中，N 是网络的无人机数量；$P_m(t_0+t)^i$ 是当无人机 i 采取策略 m 时，在

t_0+t 时刻的预测位置；$R_m(t)^i$ 是当无人机 i 采取策略 m 时，在 t_0+t 时刻的误差半径；RD 是隔离区域的半径。

对于处于冲突中的一对无人机，共有 9(3×3=9)种防撞策略，对于处于冲突中的三架无人机，共有 27(3×3×3=27)种防撞策略，其中通过协作产生的最优防撞策略如下：

$$\mathrm{ACT}\left(M_i(m), M_j(n), \cdots\right) = \mathrm{argmax}\left(R(N)\right) \tag{3.13}$$

其中，$M_i(m)$代表无人机 i 采取策略 m；$M_j(n)$代表无人机 j 采取策略 n。

3.4 基于分布式的协调策略

对于基于分布式的协调策略，每架无人机通过全球定位系统(GPS)和其他传感器获取状态信息，通过数据链路与其他无人机进行通信，并独立地确定自身的最优防撞策略。但是考虑到无人机处于非理论环境中，且无人机探测能力有限，只具备对周边环境态势的感知能力。因此，基于分布式的协调策略需要解决在不完全信息下的协调和决策问题[71]。

图 3.6(a)展示了一个集中式控制的示意图，在局部空域相互冲突的三架无人机，具有全局视角的系统需要考虑 27(3×3×3=27)种策略组合，并最终为无人机 1、无人机 2、无人机 3 分别选择了 a、e 和 i 作为最优策略。图 3.6(b)展示了分布式协作过程，其中无人机 1 和无人机 2 相互冲突，无人机 2 和无人机 3 相互冲突，但是无人机 1 与无人机 3 不冲突。对于无人机 1 和无人机 2，其最优防撞策略分别为 a 和 f。对于无人机 2 和无人机 3，其最优防撞策略分别为策略 d 和 i。对于无人机 2，其分别处于两个冲突中，且最优策略不一致。

为了解决分布式协调下不一致问题，本章提出一种特殊的标志分配策略[72]。整个过程分为五步，在此以四架无人机为例进行解释。

步骤 1：计算网络中节点之间的关键度。

步骤 2：对于冲突中的两架无人机，具有更高关键度的无人机将其自身的标志及其接收的标志传递给具有更低关键度的无人机。

步骤 3：在整个网络中，没有接收到标志的无人机被视为关键节点。在协调和评估时，首先评估关键节点并确定最优策略，不考虑其他无人机。

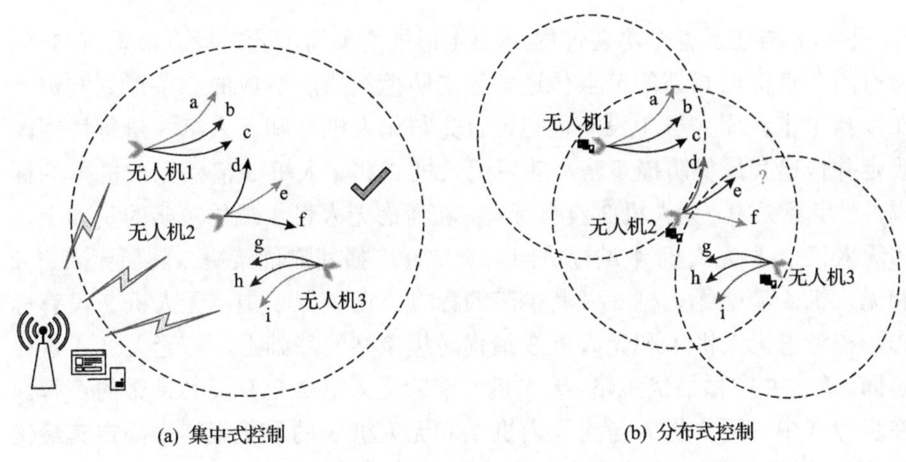

(a) 集中式控制　(b) 分布式控制

图 3.6　无人机控制示意图

步骤 4：在关键节点确定最优策略后，将该最优策略广播给其他无人机，从该关键节点接收标志的其他节点都不再保留接收到的标志，并在后续协调中考虑该关键节点的最优策略。

步骤 5：重复步骤 3 和 4，直到所有无人机都不再保留标记。

如图 3.7 所示，无人机 1 与无人机 2 和无人机 3 冲突，无人机 2 与无人机 4 冲突，无人机 3 与无人机 2 和无人机 4 冲突，无人机 1 与无人机 4 不冲突。无人机 1 将标志传递给无人机 2 和无人机 3；无人机 3 将自身标志和从无人机 1 接收到的标志传递给无人机 2 和无人机 4；无人机 2 将自身标志以及从无人机 1 和无人机 3 接收到的标志传递给无人机 4。

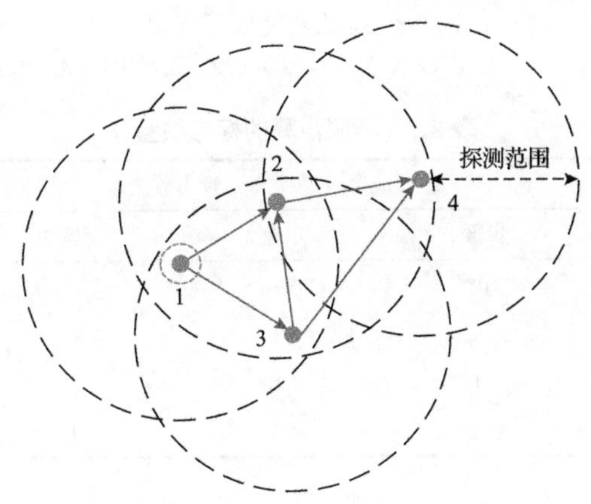

图 3.7　分布式协调示意图

图 3.8 描述了整个协调过程，表 3.1 记录了不同步骤的标志数量。首先，所有的节点都向相邻的节点传递其候选防撞策略所对应的三条计划航迹。在步骤 1 中，无人机 1 没有标记，首先与无人机 2 和无人机 3 进行协同，确定并传递其最优防撞策略，随后无人机 2 和无人机 3 清除无人机 1 的标志。在步骤 2 中，无人机 3 没有标志，在考虑无人机 1 最优策略的基础上，与无人机 2 和无人机 4 进行协同，确定并广播其最优策略。随后无人机 2 和无人机 4 清除无人机 3 及其携带的标志。在步骤 3 中，无人机 2 没有标志，在考虑无人机 1 和无人机 3 最优防撞策略的基础上，与无人机 4 进行协同，确定并广播最优策略，无人机 4 清除无人机 2 自身及其携带的令牌。在步骤 4 中，无人机 4 考虑无人机 2 和无人机 3 的最优策略来确定其最优策略(无人机 1 不在无人机 4 的探测区内，因此不存在冲突)。

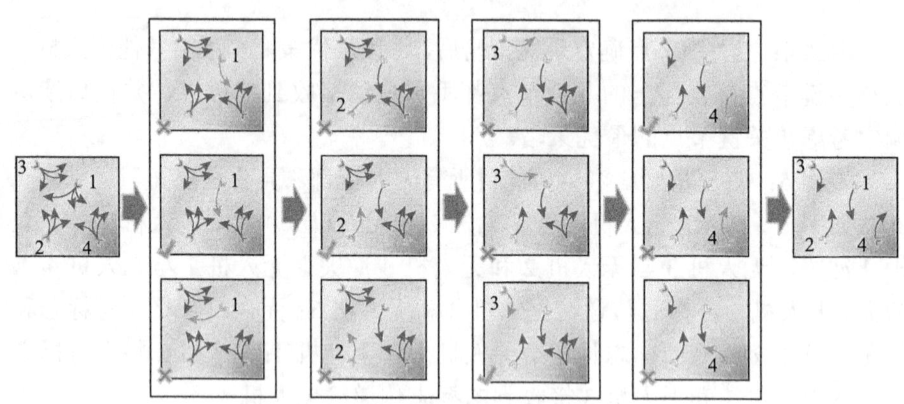

图 3.8　无人机协同示意图

1、2、3、4 分别表示无人机 1、无人机 2、无人机 3、无人机 4

表 3.1　不同步骤的标志数量

无人机	标志数量			
	步骤 1	步骤 2	步骤 3	步骤 4
无人机 1	0*			
无人机 2	2	1	0*	
无人机 3	1	0*		
无人机 4	3	2	1	0*

*携带的标记为 0。

无人机的状态和无人机网络是高度动态的，其状态与网络更新，计划航迹的生成与共享的频率是 10Hz。筛选候选防撞策略、协同及确定最优策略的频率设置为 4Hz。在每一个仿真步长，都会根据无人机当前态势更新防撞策略，生成相对应的计划航迹，随后通过机动评估和选择，为每一个节点确定最优防撞策略。

3.5　基于干扰最小化的防撞机动激活

在无人机集群中，无人机常常以密集队伍飞行，防撞策略应尽可能减少对无人机正常飞行的干扰，因此防撞策略的一个设计原则是不干扰，在能够避免无人机碰撞的基础上，尽可能晚地激活防撞机动。结合前面所提到的，临界激活点是无人机激活防撞策略的最晚时刻，因此系统在临界激活点激活防撞策略。在网络中，任意两个连接的节点间都存在一个临界激活点，对于多个连接的节点，当到达任一临界激活点就触发防撞策略，无人机按照预测航迹运动，其余没有触发激活的无人机继续按照既定轨道，同时更新网络节点和连接。

如图 3.9 所示，在激活点 B，逃逸时间为 0s，无论采取什么机动，冲突都无法避免；在临界激活点，无人机可在最后瞬间避免发生碰撞，在激活点 A，无人机可以采取多种机动方式防撞。

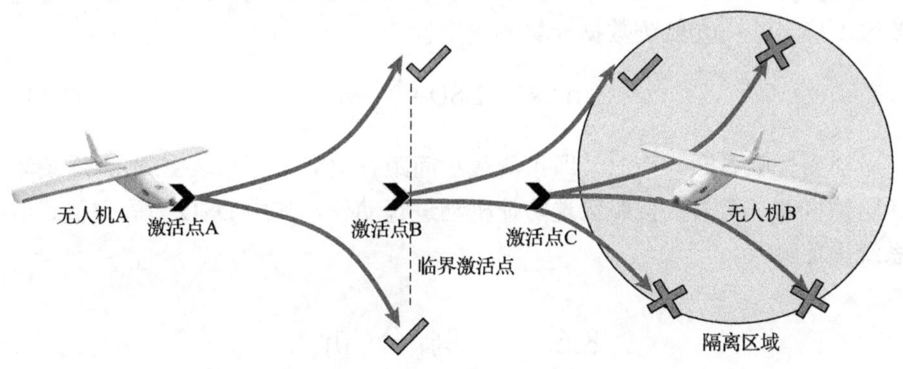

图 3.9　最优防撞策略示意图

如图 3.10 所示，无人机 A 与无人机 B 和无人机 C 同时处于冲突状态，且首先到达无人机 A 与无人机 B 的临界激活点，因此，当无人机 A 与无人机 B 到达临界激活点时，无人机 A 与无人机 B 按照防撞策略机动，无人机 C 继续按照既定轨道飞行。

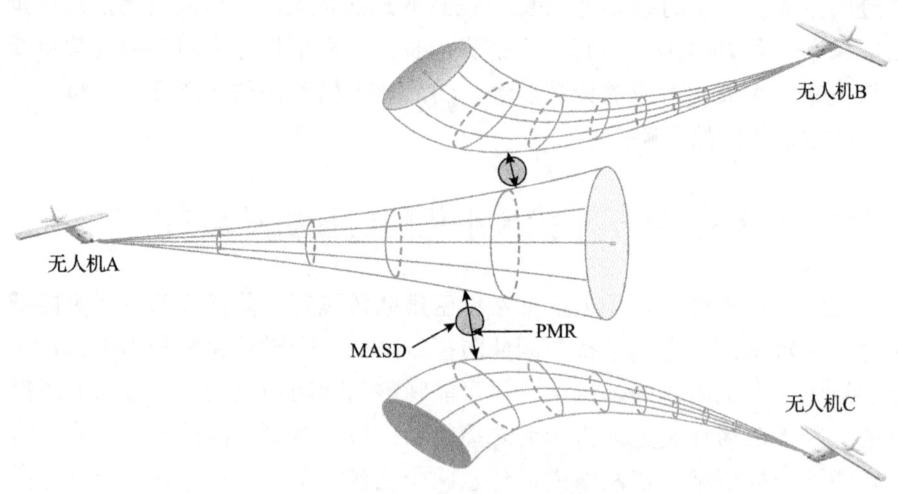

图 3.10　防撞机动激发控制模块计算示意图

防撞机动激发控制单元需要计算允许的最小轨迹间距(minimum allowed separation distance, MASD)，MASD 为本机与目标机半翼展(wing span, WS)之和，再加上系统输入的期望间距(desired separation distance, DSD)和以下不确定性(uncertainty)的累加：①导航不确定性(navigation uncertainty)；②轨迹预测不确定性；③轨迹重建/拟合不确定性；④数据链传输不确定性；⑤航迹数据计算不确定性。

$$\text{MASD} = \text{DSD} + \sum \text{WS} \tag{3.14}$$

当到达临界激活点时，即预测最小间距(PMR)小于 MASD 时，系统激活防撞机动，无人机按照优选防撞机动进行动作，其中 DSD 为固定值，由系统提前输入。

3.6　示例分析

本节设置了一系列的仿真实验检验本章策略，包括两个极端场景，即五机冲突场景和八机冲突场景。这两种极端场景在实际中可能并不常见，但其极端性对于检验所提出的策略是非常重要和必要的。

3.6.1　初始条件

无人机的质量是 200kg，翼展是 8.4m，俯仰角速度限制是 20°/s，偏航角速度限制为 20°/s，安全距离为 15m。安全距离是隔离区域半径的两倍，保证无人机的隔离区域不会互相触碰。要求 DSD 设置为 3.1m，隔离区域半径设置为 3.1m，所以安全距离设置为(4.2+3.1)×2≈15m。安全距离不是固定的，可以根据安全需求进行调整。实验所基于的仿真平台为 Windows10 操作系统，MATLAB 2017b 运算平台，仪器设备为 Intel i7-8750H 处理器，2.20GHz，8GB 运行内存。其中，五机冲突场景实验耗时 5 分 12 秒，连锁冲突场景耗时 5 分 14 秒。

3.6.2　五机冲突场景

在局部空域，五架无人机在同一海拔保持相同速度进行巡航。如图 3.11 所示，五架无人机的计划航迹将在空中发生交汇，即在某一狭窄空域遭遇。如果不采取任何措施，五架无人机间可能会发生连环冲突。表 3.2 记录了五架无人机的初始飞行状态。

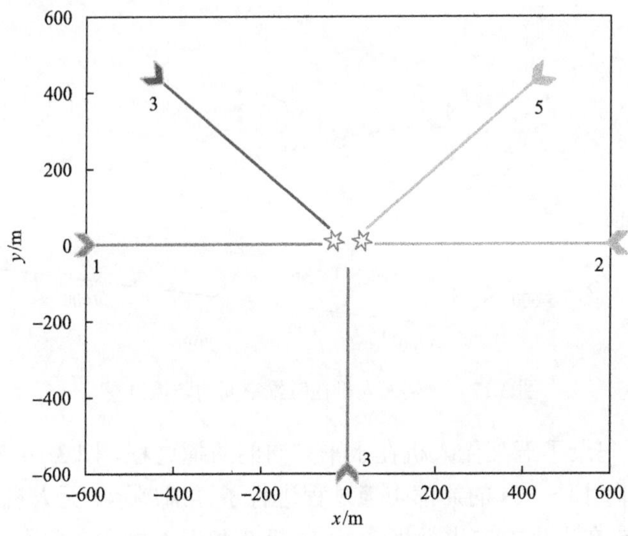

图 3.11　五架无人机的计划航迹

表 3.2　五架无人机的初始飞行状态

无人机	初始位置/m	初始速度/(m/s)	初始海拔/rad
1	(−600, 0, 500)	30	(π, 0, 0)
2	(600, 0, 500)	30	(π, 0, 0)
3	(0, −600, 500)	30	(π/2, 0, 0)
4	$(-300\sqrt{2}, 300\sqrt{2}, 500)$	30	(−π/4, 0, 0)
5	$(300\sqrt{2}, 300\sqrt{2}, 500)$	30	(−3π/4, 0, 0)

图 3.12 在三维层面展示了五架无人机的飞行过程。为了避免冲突，无人机在各个方向采取机动，包括水平方向和垂直方向。在 0s 时，五架无人机从初始位置起飞，在 18.0s 时，无人机 4 以 1g 过载进行爬升，无人机 5 向右大滚，在 18.1s 时，无人机 2 以−1g 过载俯冲，无人机 3 向左大滚转，在 18.2s 时，无人机 1 向左大滚转。在此过程中，尽管没有全局解决方案，但五架无人机能够通过与冲突无人机进行协同，独立选择自身的机动，通过一次防撞策略成功通过拥挤和威胁区域，并返回原来轨道。

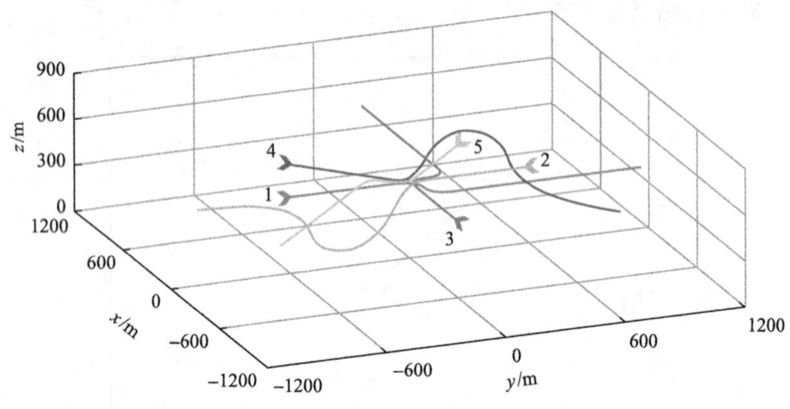

图 3.12　五架无人机在三维空间的防撞过程

图 3.13 记录了五架无人机在水平方向的防撞过程，图 3.14 对五架无人机在水平方向 13～23s 的局部防撞过程进行了详细展示。无人机 1、无人机 3 和无人机 5 在水平方向进行机动，无人机 2 和无人机 4 在垂直方向进行机动。防撞机动的激活发生在碰撞前 1～3s，整个防撞过程持续 5s 左右。该方法在实现防撞的同时最小限度地减少对无人机正常飞行的干扰。

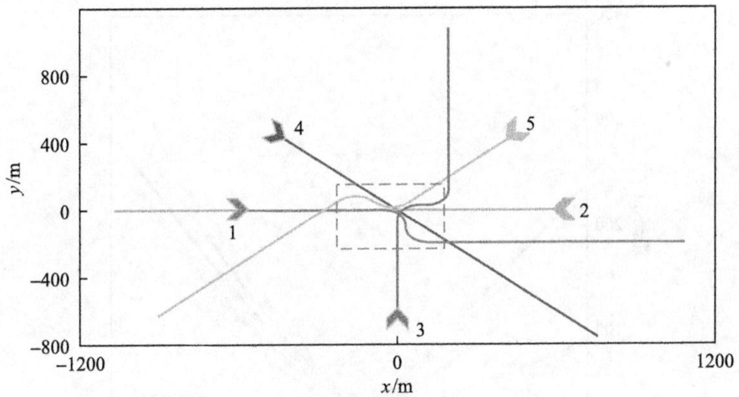

图 3.13　五架无人机在水平方向防撞过程

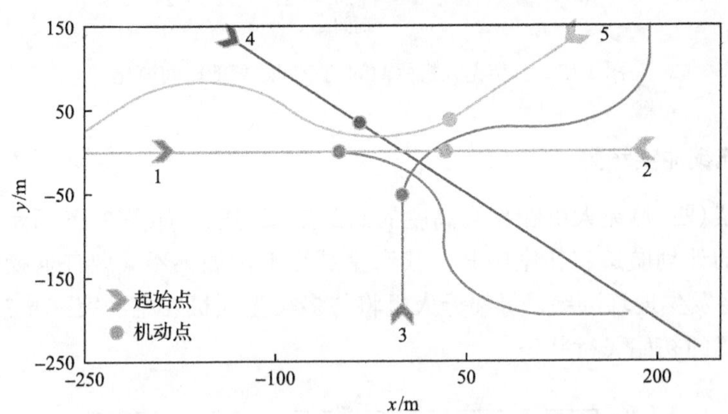

图 3.14　五架无人机在水平方向防撞的局部过程

表 3.3 记录了五架无人机两两间的最小空间距离，图 3.15 记录了五架无人机两两间的空间距离随时间的变化。由表 3.3 和图 3.15 可得，无人机间的最小空间距离始终大于安全距离。

表 3.3　五架无人机两两间的最小空间距离　（单位：m）

无人机	1	2	3	4	5
1	0	30.6639	24.8899	26.6653	33.0702
2	30.6639	0	22.9592	43.4543	28.0969
3	24.8899	0	0	34.9164	35.3818
4	26.6653	22.9592	34.9176	0	24.7613
5	33.0702	28.0969	35.3818	24.7613	0

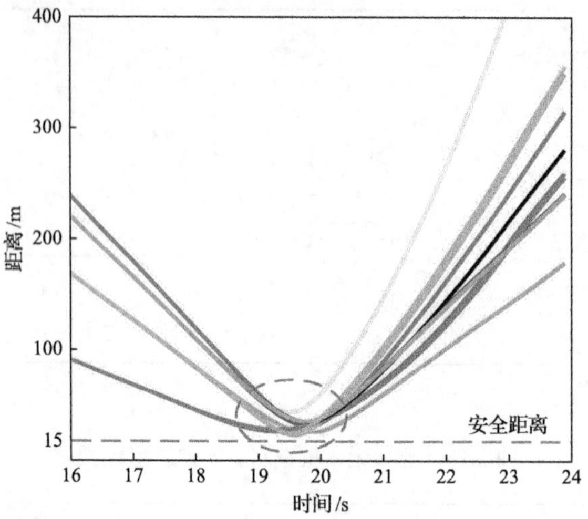

图 3.15 五架无人机两两间的空间距离随时间变化

3.6.3 连锁冲突场景

八架(四对)无人机在相同高度的局部空域巡航。如图 3.16 所示，八架无人机的计划航迹将在空中某一狭窄空域交汇，如果不采取任何操作进行规避，将发生连环冲突。每架无人机将与多架无人机发生冲突，表 3.4 记录了无人机的初始飞行状态。

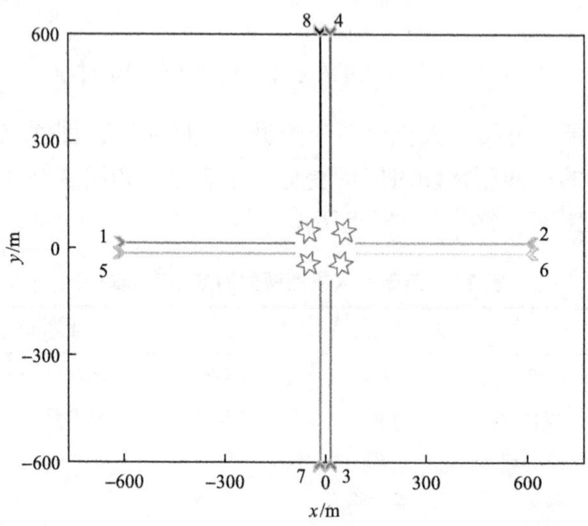

图 3.16 八架无人机的初始飞行路径

表 3.4　八架无人机的初始飞行状态

无人机	初始位置/m	初始速度/(m/s)	初始角度/rad
1	(−600, 10, 500)	30	(0, 0, 0)
2	(600, 10, 500)	30	(π, 0, 0)
3	(10, −600, 500)	30	(π/2, 0, 0)
4	(10, 600, 500)	30	(−π/2, 0, 0)
5	(−600, −10, 500)	30	(0, 0, 0)
6	(600, −10, 500)	30	(π, 0, 0)
7	(−10, −600, 500)	30	(π/2, 0, 0)
8	(−10, 600, 500)	30	(−π/2, 0, 0)

图 3.17 展示了八架无人机在三维空间的整个飞行过程，无人机在多个方向(包括水平方向和垂直方向)进行机动以避免碰撞。在 0s 时，8 架无人机从初始位置开始进行巡航。在 17.6s 时，无人机 1 向左大滚转，无人机 2 向右大滚转，无人机 3 以 1g 过载爬升，无人机 4 以−1g 下降，无人机 5 向右大滚转，无人机 6 以 1g 过载爬升，无人机 7 以−1g 下降，无人机 8 向左大滚转。在整个过程中，每架无人机都遭遇多架入侵无人机。

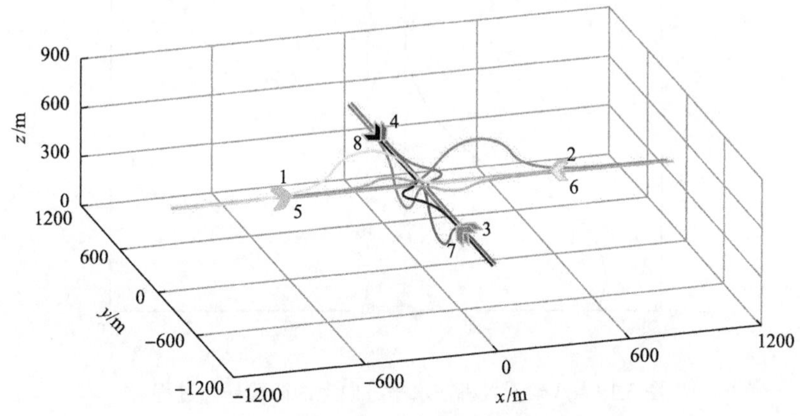

图 3.17　八架无人机在三维空间的防撞过程

图 3.18 展示了八架无人机在水平方向上的防撞过程，图 3.19 展示了八架无人机在水平方向上 13～23s 的防撞局部过程，图 3.20 展示了八架无人机的高度变化。无人机 2、无人机 3、无人机 5 和无人机 8 在水平方向机动，无人机 1、无人机 4、无人机 6 和无人机 7 在垂直方向机动。防撞机动的激

活一般在碰撞发生前 1～3s。经过 5s 的防撞机动，八架无人机成功穿越拥挤和威胁的区域。在 22.6s，无人机恢复队形，重新回到原来的轨道。

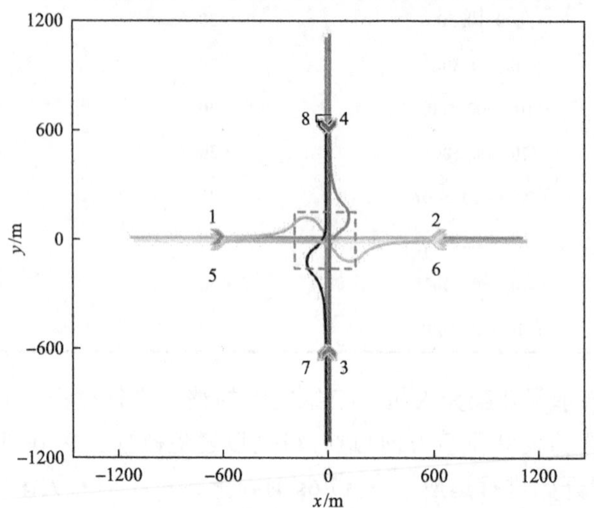

图 3.18　八架无人机在水平方向上的防撞过程

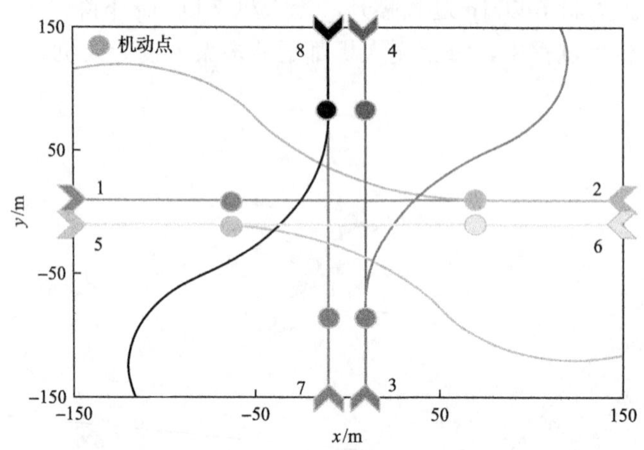

图 3.19　八架无人机在水平方向上的防撞局部过程

表 3.5 记录了八架无人机两两间的最小空间距离，图 3.21 记录了八架无人机两两间的空间距离随时间的变化。由表 3.5 和图 3.21 可见，在整个过程中，无人机相互间的最小空间距离始终大于安全距离，本章提出的防撞策略适用于八机方案，在避免无人机碰撞的同时能够尽量减少对无人机正常飞行的干扰。

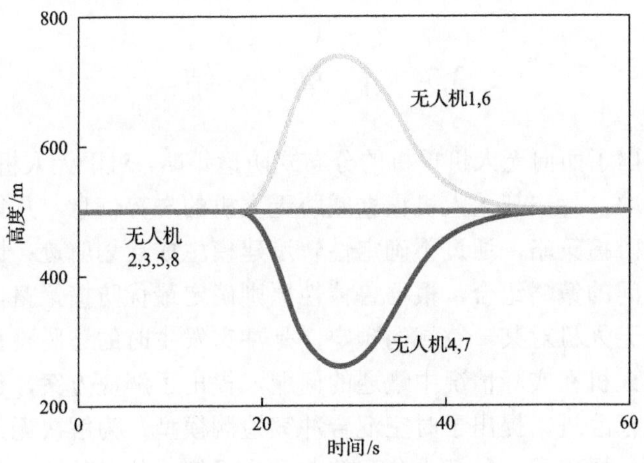

图 3.20　八架无人机的高度变化

表 3.5　八架无人机两两间的最小空间距离　(单位：m)

无人机	1	2	3	4	5	6	7	8
1	0	33.027	43.309	44.918	20	20	44.918	19.592
2	33.027	0	37.769	19.592	53.414	20	43.309	37.769
3	43.309	37.769	0	33.027	37.770	19.592	20	53.415
4	44.9181	19.5920	33.027	0	43.3092	44.918	20	20
5	20	53.415	37.770	43.309	0	33.027	19.592	37.770
6	20	20	19.592	44.918	33.027	0	44.918	43.309
7	44.918	43.309	20	20	19.592	44.918	0	33.027
8	19.592	37.770	53.415	20	37.770	43.309	33.027	0

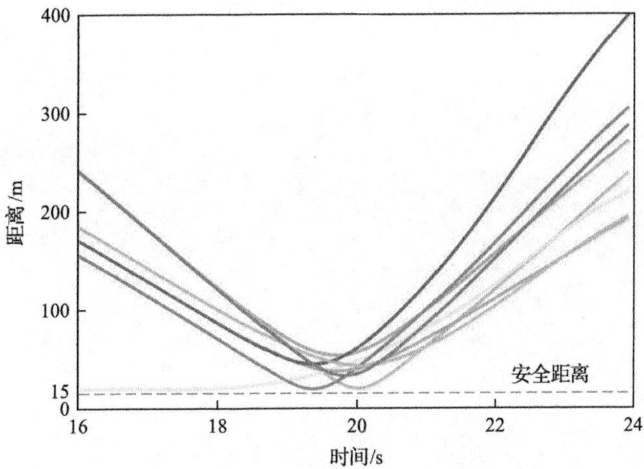

图 3.21　八架无人机两两间的空间距离随时间变化

3.7 本章小结

本章提出了面向无人机单机的分布式防撞策略，对于无人机单机防撞，在局部空域中，每一架无人机根据威胁无人机的态势信息，从策略集中选取三组候选防撞策略，通过不确定性轨迹建模生成计划航迹；比较本机与威胁无人机间的策略组合，根据鲁棒性原则确定最优防撞策略，其对应的计划航迹为无人机对某一空域的预定，是冲突发生时的逃脱路径。此外，本章针对无人机在实际情况中遭遇的问题，提出了解决方案，包括对冲突检测模型进行改进，提出了时空混合冲突检测模型；为解决无人机间不充分协同问题，提出了一种标志分配策略；为了解决信息传输中的数据丢失和延迟问题，提出了分布式协调策略。最后通过设置五机冲突场景和八机冲突场景对策略的有效性进行了证明。

第 4 章　面向无人机编队的控制策略

在无人机编队运动过程中，需要控制算法来保证无人机按照指定路径飞行，同时还需要维持编队的构型，保证编队内部的安全与稳定。具有避障的编队控制算法主要包括基于规则的方法和基于优化的方法。前者主要是基于人工势场的方法，后者主要是基于模型预测控制(MPC)的方法。

Kuriki 等[73]提出的基于共识的编队控制算法能够有效保证编队内无人机收敛到所需的位置，但是，该控制算法适用于水平面而不是三维空间中的飞行编队。因此，本章对 Kuriki 等[73]提出的算法进行了改进和创新，得到基于共识的编队飞行协同控制算法，同时运用基于共识的控制算法和基于人工势场的碰撞避免算法，来保证无人机编队的收敛性。

4.1　无人机编队的网络结构

本节从数学角度对垂直方向上的线性无人机和多无人机系统进行建模，然后定义控制目标。

无人机编队为一组能够相互交换信息的个体构成的动力系统，其中包括多架僚机和一架领机。为了从数学上描述这个网络，在此采用图论对其进行描述[74]。

图 $G=(V,A)$ 表示 N 个无人机间信息交互模型，其中 $V=\{v_1,v_2,\cdots,v_N\}$ 表示网络节点，即编队内无人机，$A\in V\times V$ 是边。其中边 (v_i,v_j) 代表从个体 i 到个体 j 间的网络路径，即个体 j 可以获取个体 i 的态势信息。

有向树是一有向图，图中任一节点(不包括根节点)都存在父节点，根没有父节点，但有指向其他每个节点的定向路径。此外，G 的有向生成树是一棵包含图 G 中所有节点的树。

令 $A\in\mathbf{R}^{N\times N}$、$D\in\mathbf{R}^{N\times N}$、$L=\in\mathbf{R}^{N\times N}$ 分别为邻接矩阵、度矩阵、与图 G 有关的拉普拉斯矩阵。邻接矩阵 $A=\left[a_{ij}\right]$ 的元素如下：

$$a_{ij}=\begin{cases}1, & \left(v_j,v_i\right)\in A\\ 0, & \text{其他}\end{cases} \tag{4.1}$$

若 a_{ij} 的值为 1，表示无人机 i 能够通过网络获取无人机 j 的信息，否则 a_{ij} 的值为 0。

度矩阵 D 的值设置如下：

$$D=\operatorname{diag}\left(\deg\left(v_1\right),\deg\left(v_2\right),\cdots,\deg\left(v_N\right)\right) \tag{4.2}$$

其中，$\deg\left(v_i\right)$ 是能够到达节点 v_i 的通信链路的数量。

拉普拉斯矩阵 L 定义如下：

$$L=D-A \tag{4.3}$$

拉普拉斯矩阵具有以下性质：如果图包含有向生成树，则拉普拉斯矩阵 L 在零处有一个单特征值，且拉普拉斯矩阵的所有非零特征值都有正实部。

在本章中，考虑这样一个任务：编队内的 N 个僚机以编队形式跟随其领机，同时避免碰撞。无人编队内的每个僚机都收敛到一个时变的期望位置，同时避免与领机和其他僚机发生碰撞。僚机的期望时变位置由编队的期望几何构型决定。

为了实现这一控制目标，在此进行一系列的假设。

假设 1：领机的飞行独立于编队内其他任何无人机，即领机的飞行不受僚机的影响。

假设 2：在无人机编队中，每一架僚机都与领机建立了双向通信连接。

假设 3：僚机间都建立了双向通信连接。

“领导者-跟随者”结构具有灵活性高、可控性强的优点，是分布式控制方案下最方便的结构[75]。如图 4.1 所示，每一个编队包括四架无人机，其中有一架领机和三架僚机。四架无人机保持规则的三角形几何构型，领机位于三角形的中心，三架僚机分别位于三角形的三个顶点。领机沿着既定轨道飞行，僚机跟随领机飞行，并且和领机维持固定的相对位置，其中水平方向距离为 Hd，垂直方向距离为 Vd，和领机飞行方向保持角度 θ。

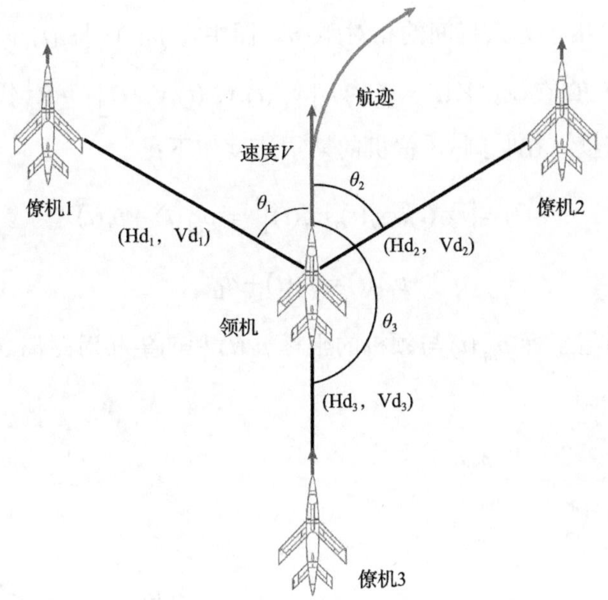

图 4.1　编队的队形构型

4.2　编队控制的高层结构

根据 Piccolo 模型，可以将无人机分解为垂直方向和水平方向上的运动模型。因此，对于在三维空间飞行的无人机编队，可分别采用不同的控制算法进行控制。为了避免编队内部无人机之间的碰撞，采用了一种控制策略，即编队内无人机存在碰撞风险时，选择在垂直方向进行碰撞避免。

对于在三维空间飞行的无人机编队，分别将包含一组无人机的编队作为考虑对象和单独将编队内每一架无人机作为考虑对象。前者的目的是让编队内的无人机协同飞行，后者目的是通过每一架无人机的协同飞行构成编队的几何构型。对此，采用基于共识的合作控制算法来完成前者的协作目标，同时采取“领导者-跟随者”结构来完成后者的个体目标，领机为编队提供自身的位置和所需的编队位置。在无人机编队控制中，构建了两层控制结构，分别是高级控制结构和低级控制结构，前者基于图形理论和几何分析，领机为编队提供自身的位置和所需的编队位置，后者为单个无人机运动控制器，它为单个无人机生成控制信号，以收敛到期望轨迹。

图 4.2 给出了无人机间的相对距离。图中， $p_i(t)=\left[x_i(t),y_i(t),z_i(t)\right]^{\mathrm{T}}$ 为编队内僚机 i 的质心。$V_i(t)=\dot{p}_i(t)=\left[v_{x_i}(t),v_{y_i}(t),v_{z_i}(t)\right]^{\mathrm{T}}\in\mathbf{R}^3$ 代表无人机 i 在时刻 t 的速度。在时刻 t，僚机的期望速度如下：

$$r_i(t)=\left[rx_i(t),ry_i(t),rz_i(t)\right]^{\mathrm{T}}=p_{id}(t)-p_i(t) \tag{4.4}$$

$$p_{id}(t)=p_1(t)+d_{1i} \tag{4.5}$$

无人机 i 的期望坐标 $p_{id}(t)$ 与领机的坐标 $p_1(t)$ 和期望相对距离 d_{1i} 有关。

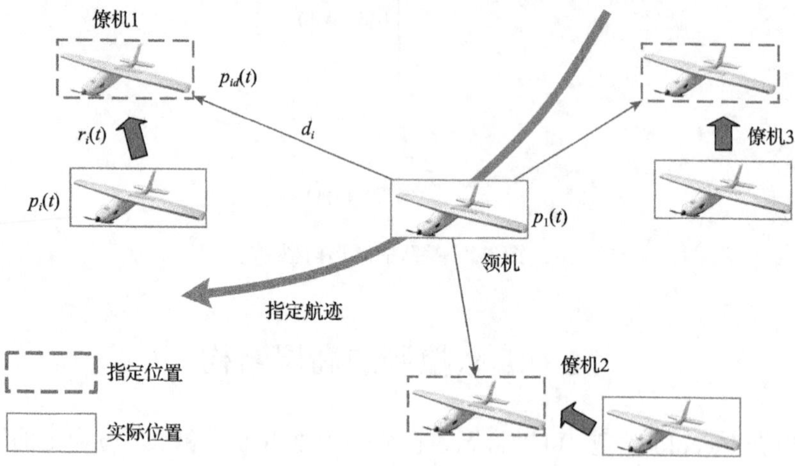

图 4.2　无人机间的相对距离

无人机 i 产生期望速度 V_{id} 的控制算法如下[55]：

$$V_{id}(t)=\frac{\overline{v}\sigma_i(t)r_i(t)}{r_i(t)} \tag{4.6}$$

$$\sigma_i(t)=\begin{cases}0, & \left\|r_i(t)\right\|\leqslant\varepsilon_k\\ \dfrac{\left\|r_i(t)\right\|-\varepsilon_k}{\varepsilon_k}, & \varepsilon_k<\left\|r_i(t)\right\|<2\varepsilon_k\\ 1, & \left\|r_i(t)\right\|\geqslant 2\varepsilon_k\end{cases} \tag{4.7}$$

其中， $\varepsilon_k>0$ 是一个常量； $\sigma_i(t)$ 用于避免由于较小但可以接受的错误而引起的抖动。

4.3　基于改进人工势场的防撞策略

本节提出了一种基于协作控制协议的多无人机防撞策略。避免碰撞的基本方向是垂直方向，如果无人机间发生碰撞的风险增加，则无人机在垂直方向采取规避措施，在水平方向不采取措施。在无人机的重心周围设置隔离区域。该区域为球体，其半径为ΔR。如果一架无人机隔离区域碰到其他无人机的隔离区域，则隔离区域彼此重叠的无人机将采取规避措施，直到隔离区域相互分离。

在此，定义r_i为无人机i在水平面的坐标。同时$\left|r_{ij}\right|$是无人机i和无人机j在水平面的相对距离，h_{ij}是无人机i和无人机j的相对高度，

$$r_{ij}=r_i-r_j,\quad h_{ij}=h_i-h_j \tag{4.8}$$

$$\left|r_{ij}\right|=\sqrt{\left(x_i-x_j\right)^2+\left(y_i-y_j\right)^2} \tag{4.9}$$

$$\left|h_{ij}\right|=\sqrt{\left(h_i-h_j\right)^2} \tag{4.10}$$

当无人机i和无人机j的隔离区域相互重叠时，两者会产生如下人工势场[17]：

$$U_{ij}=\begin{cases}\dfrac{K_h}{2}\left(\dfrac{1}{\left|h_{ij}\right|+1}-\dfrac{1}{2\Delta R+1}\right)^2, & \left|h_{ij}\right|\leqslant 2\Delta R\Delta\left|r_{ij}\right|\leqslant 2\Delta R,\ i,j\in\{1,2,\cdots,N\}\\ 0, & \text{其他}\end{cases} \tag{4.11}$$

其中，$K_h\in\mathbf{R}$是正控制参数。随着个体间的高度差减小，人工势场会逐渐减小。除此以外，当无人机i与无人机j的安全区域没有重叠时，人工势场变为 0。

为了避免两者的冲突，为个体i生成如下势场力：

$$f_{ij}=-\nabla_{h_{ij}}U_c,\quad i\in\{1,2,\cdots,N\} \tag{4.12}$$

由式(4.6)，作用于个体i的总的人工势场力为

$$F_i=\sum_{j=1}^{N}f_{ij},\quad i\in\{1,2,\cdots,N\} \tag{4.13}$$

在此，人工势场经过调整，只由排斥势场构成，因此不存在局部最小值。

势场力沿着势场的相反方向起作用，即势场力作用，以降低势场。因此，人工势场可以使个体间的距离变大。

本节提出了具有防撞能力的编队控制算法，如下所示：

$$V_{id}(t)=\frac{\overline{v}\sigma_i(t)r_i(t)}{r_i(t)}+k_iF_i,\quad i\in\{1,2,\cdots,N\} \tag{4.14}$$

假设多无人机编队包括一架领机和 $N(N>2)$ 架僚机，同时，假设 1 和假设 2 同样满足。如果具有正控制增益 $\gamma_k\left(k\in\{0,1\}\right)$ 的控制协议和具有正控制增益 γ_k 的控制协议同时运用于每一架无人机，则每架具有防撞能力的无人机在垂直方向上都能够渐近地收敛到所要求的位置。

4.4 编队控制的低层结构

为了维持无人机编队的几何构型，在 4.2 节中构建了编队控制的高层结构，为无人机编队中每一架无人机生成每一个时刻的期望位置。本节构建编队控制的低层结构来生成控制信号 $s_{h,i_{\text{cmd}}}$、$\omega_{h,i_{\text{cmd}}}$ 和 $z_{i_{\text{cmd}}}$ 以跟随期望位置。控制信号是借助应用于舵机、副翼和升降舵等机械设施的内部控制回路生成的。$s_{h,i_{\text{cmd}}}$ 表示指令横向速度，$\omega_{h,i_{\text{cmd}}}$ 表示指令横向转弯速度，$z_{i_{\text{cmd}}}$ 表示指令海拔。针对每架无人机的低级运动控制，本节提出同时考虑动力学和运动学建模的分布式控制模式。在对无人机动力学进行建模时，采取文献[49]中的 Piccolo 模型。

$$\begin{bmatrix}\dot{x}_i\\ \dot{y}_i\end{bmatrix}=V_{h,i}\begin{bmatrix}\cos\theta_i\\ \sin\theta_i\end{bmatrix} \tag{4.15}$$

$$\dot{z}=\frac{1}{T_z}\left(-z_i+z_{i_{\text{cmd}}}\right) \tag{4.16}$$

$$\dot{V}_{h,i}=\frac{1}{T_s}\left(-V_{h,i}+V_{h,i_{\text{cmd}}}\right),\quad \underline{s}\leqslant\dot{V}_{h,i}\leqslant\overline{s} \tag{4.17}$$

$$\dot{\theta}_i=\omega_i \tag{4.18}$$

$$\dot{\omega}_i=\frac{1}{T_\omega}\left(-\omega_i+\omega_{i_{\text{cmd}}}\right) \tag{4.19}$$

$$\dot{z}_i = \frac{1}{T_z}\left(-z_i + z_{i_{\mathrm{cmd}}}\right),\quad \underline{z} \leqslant \dot{z}_i \leqslant \overline{z} \tag{4.20}$$

$V_i(t) = \left[v_{x_i}(t), v_{y_i}(t), v_{z_i}(t)\right]^{\mathrm{T}} \in \mathbf{R}^3$ 代表无人机 A_i 在时刻 t 的速度，$V_{h,i}(t) = \left[v_{x_i}(t), v_{y_i}(t)\right]^{\mathrm{T}}$ 代表无人机 A_i 在时刻 t 的水平速度；θ_i 和 ω_i 分别代表无人机的横向航向和横向转弯速度。加速度 $\dot{V}_{h,i}$ 定义在如下范围：$\underline{s} \leqslant \dot{V}_{h,i} \leqslant \overline{s}$ 。T_z、T_ω、T_s 是与操作频率有关的时间常数。

低级运动控制设计的功能是为每架无人机生成控制信号，以跟踪所产生的时变预期轨迹。

考虑李雅普诺夫(Lyapunov)函数，通过使 $P_{v_i}(t)$ 衰变为 0 生成低级运动控制的指令信号 $s_{h,i_{\mathrm{cmd}}}$ 、$\omega_{h,i_{\mathrm{cmd}}}$ 和 $z_{i_{\mathrm{cmd}}}$ 。这三个指令信号是借助内部控制回路生成的，该内部控制器应用于无人机的机械设备，如升降舵、副翼等。

$$P_{v_i}(t) = \frac{1}{2} e_{v_i}^{\mathrm{T}}(t) e_{v_i}(t) \tag{4.21}$$

$$e_{v_i} = \dot{p}_i(t) - V_{id}(t) \tag{4.22}$$

$$e_{v_i} = \begin{bmatrix} V_{h,i}(t)\cos\theta_i - v_{x,id} \\ V_{h,i}(t)\sin\theta_i - v_{y,id} \\ \dfrac{1}{T_z}\left(-z_i + z_{i_{\mathrm{cmd}}}\right) - v_{z,id} \end{bmatrix} = \begin{bmatrix} V_{h,i} e_{\theta_i} - V_{h,id} \\ \dfrac{1}{T_z}\left(-z_i + z_{i_{cmd}}\right) - V_{z,id} \end{bmatrix} \tag{4.23}$$

其中，$V_{id} = \left[V_{h,id}, V_{z,id}\right]^{\mathrm{T}} = \left[v_{x,id}, v_{y,id}, v_{z,id}\right]^{\mathrm{T}} \in \mathbf{R}^3$ 是在高层控制设计生成的期望值 $V_i(t)$ 。

采用低级运动控制器的设计来生成命令信号 $s_{h,i_{\mathrm{cmd}}}$ 、$\omega_{h,i_{\mathrm{cmd}}}$ 和 $z_{i_{\mathrm{cmd}}}$ ，目的是使式(4.21)中的 $P_{v_i}(t)$ 衰减到零[55]。

对任何的 α ，e_α 定义为 $e_\alpha = \left[\cos\alpha, \sin\alpha\right]^{\mathrm{T}}$ 。选择

$$z_{i_{\mathrm{cmd}}} = z_i + T_z V_{z,id} \tag{4.24}$$

式(4.21)简化为

$$P_{v_i}(t)=\frac{1}{2}V_{h,i}e_{\theta_i}-V_{h,id}^2 \tag{4.25}$$

由式(4.14)以及事实可知

$$\dot{e}_{\theta_i}=e_{1/\theta_i}\omega_i \tag{4.26}$$

$$e_{1/\theta_i}\overset{\text{def}}{=\!=}[-\sin\theta_i,\cos\theta_i] \tag{4.27}$$

推导出[55]

$$\begin{aligned}\dot{P}_{v_i}&=\left(V_{h,i}e_{\theta_i}-V_{h,id}\right)^{\mathrm{T}}\left(\dot{V}_{h,i}e_{\theta_i}+V_{h,i}e_{\theta_i}-V_{h,id}\right)\\&=\left(V_{h,i}e_{\theta_i}-V_{h,id}\right)^{\mathrm{T}}\times\left(-\frac{1}{T_s}\left(V_{h,i}e_{\theta_i}-V_{h,id}\right)-\frac{V_{h,id}}{T_s}+\frac{s_{h,i_{\mathrm{cmd}}}e_{\theta_i}}{T_s}+\omega_i V_{h,i}e_{1/\theta_i}-\dot{V}_{h,id}\right)\end{aligned} \tag{4.28}$$

并可以写成以下形式：

$$\dot{P}_{vi}=-\frac{2}{T_s}P_{vi}+\left(V_{h,i}e_{\theta_i}-V_{h,id}\right)^{\mathrm{T}}\left(\left[\frac{e_{\theta_i}}{T_s},V_{h,i}e_{1/\theta_i}\right]\times\begin{bmatrix}s_{h,i_{\mathrm{cmd}}}\\ \omega_i\end{bmatrix}-\left(\frac{V_{h,id}}{T_s}+\dot{V}_{h,id}\right)\right) \tag{4.29}$$

如果 ω_i 可以作为控制信号，选择

$$\begin{bmatrix}s_{h,i_{\mathrm{cmd}}}\\ \omega_i\end{bmatrix}=\begin{bmatrix}T_s e_{\theta_i}\\ V_{h,i}{}^{-1}\left(e_{1/\theta_i}\right)^{\mathrm{T}}\end{bmatrix}\left(\frac{V_{h,id}}{T_s}+\dot{V}_{h,id}\right) \tag{4.30}$$

则式(4.29)被简化为 $\dot{P}_{vi}=-\left(2/T_s\right)P_{vi}$ ，P_{vi} 可以收敛到零。因为 ω_i 不是控制信号，将式(4.30)替换为

$$\begin{bmatrix}s_{h,i_{\mathrm{cmd}}}\\ \omega_{id}\end{bmatrix}=\begin{bmatrix}T_s e_{\theta_i}\\ V_{h,i}{}^{-1}\left(e_{1/\theta_i}\right)^{\mathrm{T}}\end{bmatrix}\left(\frac{V_{h,id}}{T_s}+\dot{V}_{h,id}\right) \tag{4.31}$$

然后产生对应于补偿器 ω_i 的指令信号，即

$$\omega_{i_{\text{cmd}}} = \frac{k_\omega \tau_\omega \left(s + 1/\tau_\omega\right)}{s + k_\omega} \omega_{id},\ \ k_\omega > 0 \tag{4.32}$$

所以有

$$\omega_i = \frac{k_\omega}{s + k_\omega} \omega_{id} \tag{4.33}$$

采取标准的李雅普诺夫分析和反推方法，证明对于足够大的 k_ω 可以让 P_{v_i} 和 $\omega_i - \omega_{id}$ 收敛到零，总结基于李雅普诺夫分析的设计，无人机低级运动控制器可得[55]

$$s_{h,i_{\text{cmd}}} = T_s e_{\theta_i} \left(\frac{V_{h,id}}{T_s} + \dot{V}_{h,id} \right) \tag{4.34}$$

$$e_{\theta_i} = \left[\cos\theta_i, \sin\theta_i\right] \tag{4.35}$$

$$\omega_{i_{\text{cmd}}} = \frac{k_\omega \tau_\omega \left(s + 1/\tau_\omega\right)}{s + k_\omega} \left[s_{h,i}^{-1} \left(e_{1/\theta_i}\right)^{\mathrm{T}} \left(\frac{V_{h,id}}{\tau_s} + \dot{V}_{h,id} \right) \right] \tag{4.36}$$

4.5 示例分析

为了验证本章提出的基于共识算法与“领导者-跟随者”无人机编队控制策略，在此构建两种多个无人机编队的冲突场景。在整个过程中，无人机编队为了避免冲突会进行爬升、俯冲、滚转等多个机动动作，分别记录每个无人机编队的轨迹，以及无人机编队内个体间的相对距离。实验所基于的仿真平台为 Windows10 操作系统，MATLAB 2017b 运算平台，仪器设备为 Intel i7-8750H 处理器，2.20GHz，8GB 运行内存。其中多编队冲突场景耗时为 5 分 20 秒，连环冲突场景耗时为 5 分 28 秒。

4.5.1 初始条件

固定翼无人机动力学模型采用基于 Piccolo 控制的无人机模型，每架无人机的速度为 40m/s，质量为 100kg，翼展为 8.4m，转弯和俯仰角速度限制均为 20°/s。在实验中，每个编队由 4 架无人机构成。每架无人机的安全距离设定为 15m，编队间的安全距离设定为 60m，两者都可以根据安全要求进行调整。每个无人机编队包括一架领机和三架僚机，四架无人机保持相同速度。三架僚机相对于领机的水平距离、垂直距离和相对角度见表 4.1。

表 4.1　无人机编队构型的参数

无人机	水平距离/m	垂直距离/m	相对角度/(°)
僚机 1	20	0	–60
僚机 2	20	0	60
僚机 3	10	10	180

4.5.2　多编队冲突场景

如图 4.3 所示，有五个无人机编队，其领机分别从起点(–600,0,500) m，(600,0,500) m，(0,–600,500) m，(424.3,424.3,500) m，(424.3,424.3,500) m 出发，均以 40m/s 的速度飞行。五个无人机编队按照既定轨迹飞行会在某空间点交叉，为了避免冲突，无人机编队采取多种机动来避免冲突。

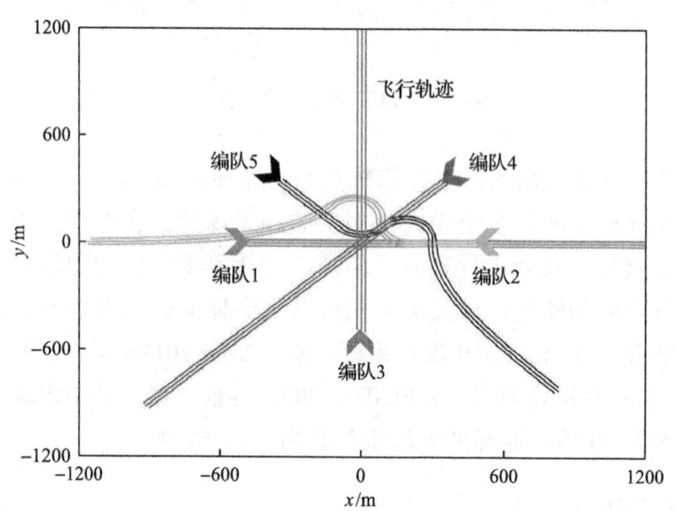

图 4.3　多编队冲突场景编队的运动轨迹

如图 4.4 所示，详细记录编队的飞行轨迹，编队 1 在飞行过程中进行了俯冲机动，编队 2 在飞行过程中进行了向右滚转机动，编队 3 和编队 4 在飞行过程中进行了爬升机动，编队 5 在飞行过程中进行了向右滚转机动。

图 4.5 分别记录了五个编队中无人机间的欧氏距离。线条代表无人机间的空间三维距离。编队 1、编队 2、编队 3 内无人机的距离相对稳定，编队 4 和编队 5 群内的距离波动比较大，这是由于无人机的巨大惯性导致编队不能立即改变姿态或速度，但其结果仍然满足安全性要求，编队内无人机间的距离始终大于 15m，以保证编队的安全，领机与僚机的距离始终小于 35m，以保证编队的隔离范围。

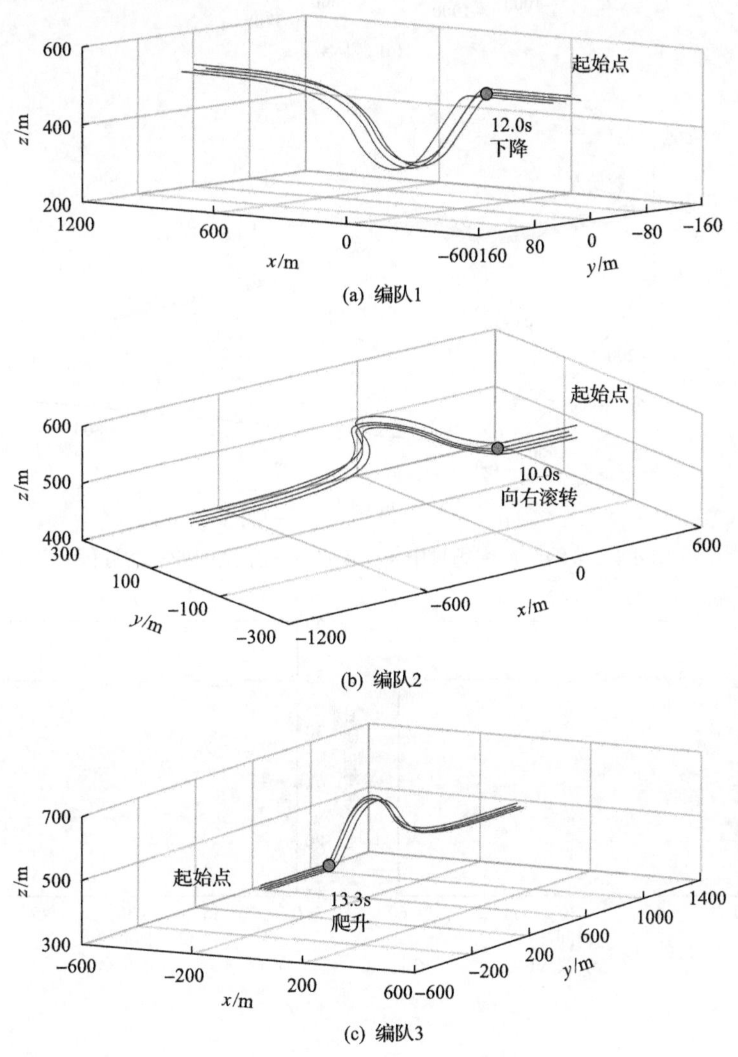

(a) 编队1

(b) 编队2

(c) 编队3

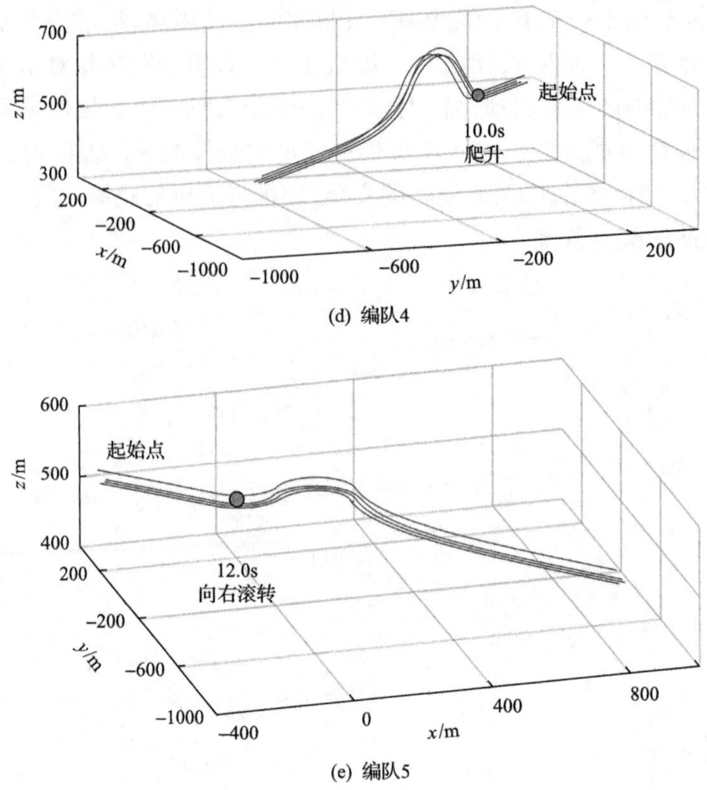

(d) 编队4

(e) 编队5

图 4.4　多编队冲突场景中每个编队在三维空间的运动过程

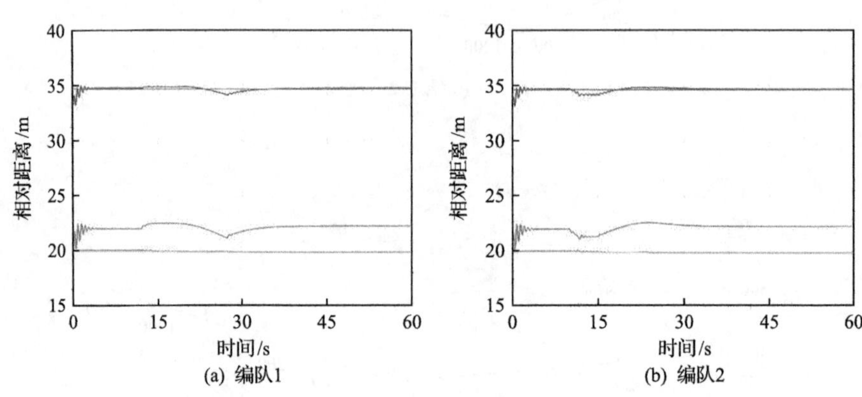

(a) 编队1　　(b) 编队2

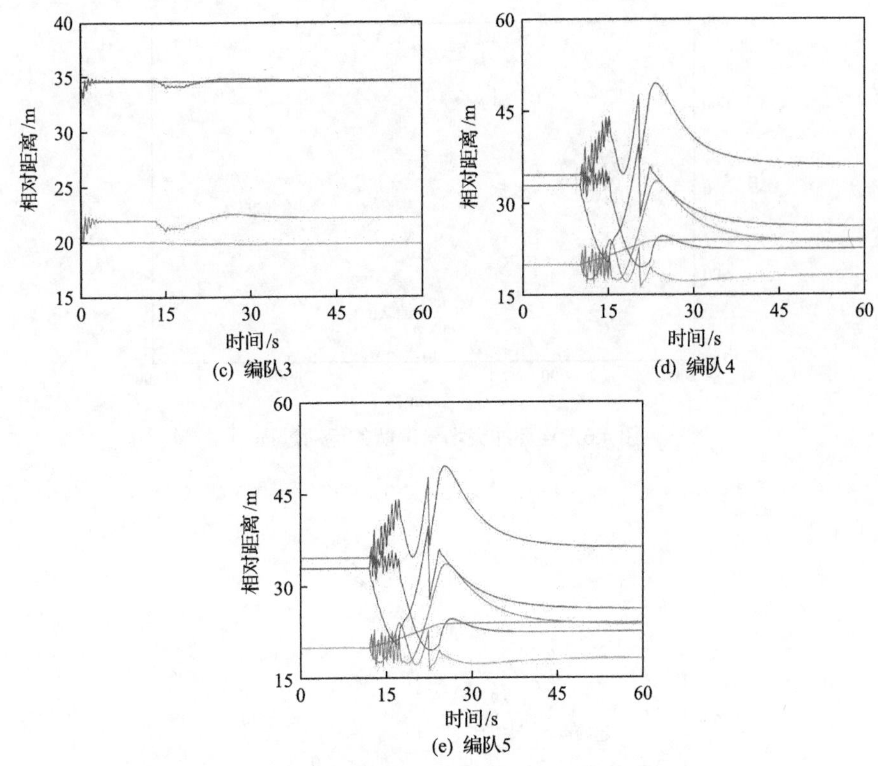

图 4.5　多编队冲突场景中编队内无人机间的相对距离

4.5.3　连环冲突场景

如图 4.6 所示，有四个无人机编队，其领机分别从起点(–610，120，500)m，(600，–100，500)m，(120，–600，500)m，(–120，600，500)m 出发，均以 40m/s 飞行。四个无人机编队按照既定轨迹飞行会在某空间点交叉。为了避免冲突，无人机编队采取多次多种机动来避免冲突。

图 4.7 详细记录编队的飞行轨迹，编队 1 在飞行过程中进行了向右滚转机动，编队 2 先进行了向右滚转机动，随后进行爬升，编队 3 和编队 4 在飞行过程中进行了俯冲机动。

图 4.8 分别记录了四个编队内部无人机间的欧氏距离。虽然无人机存在姿态改变延迟和速度的振荡等情况，但其结果仍然满足安全需求。编队内个体间的距离始终大于 15m，以保证编队的安全；领机与僚机间的距离始终小于 35m，以保证编队的隔离范围。

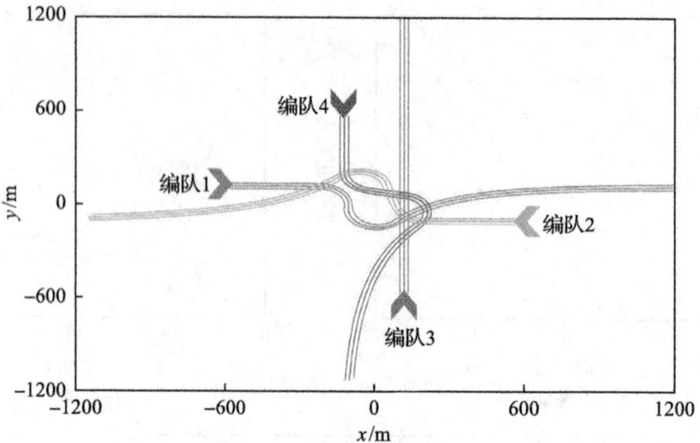

图 4.6　连环冲突场景编队的运动过程

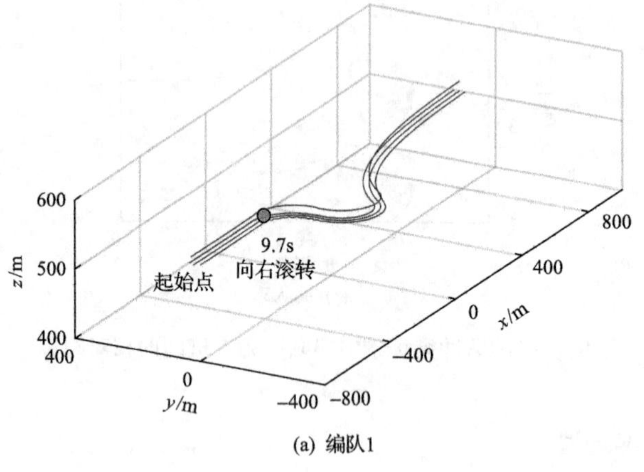

(a) 编队1

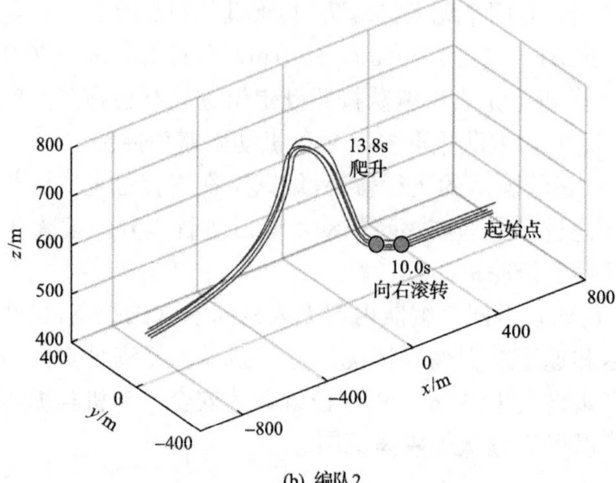

(b) 编队2

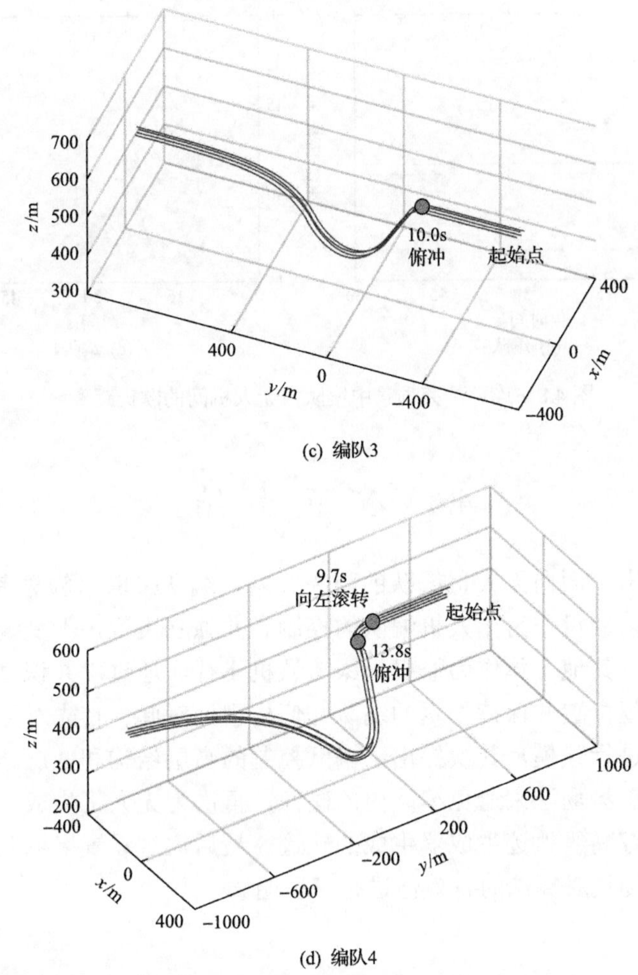

(c) 编队3

(d) 编队4

图4.7　连环冲突场景中每个编队在三维空间的运动过程

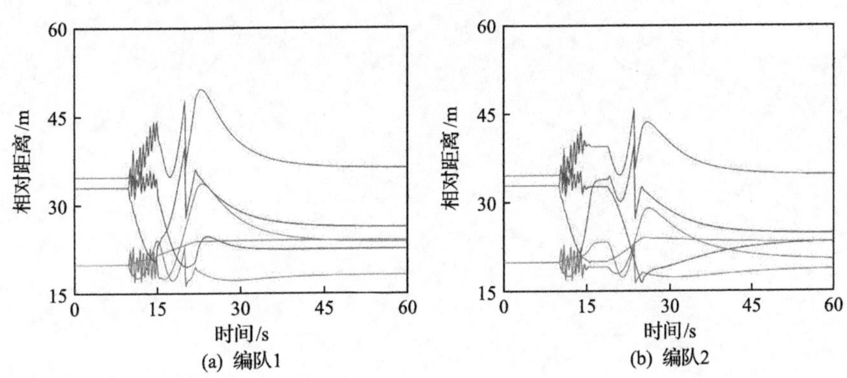

(a) 编队1　(b) 编队2

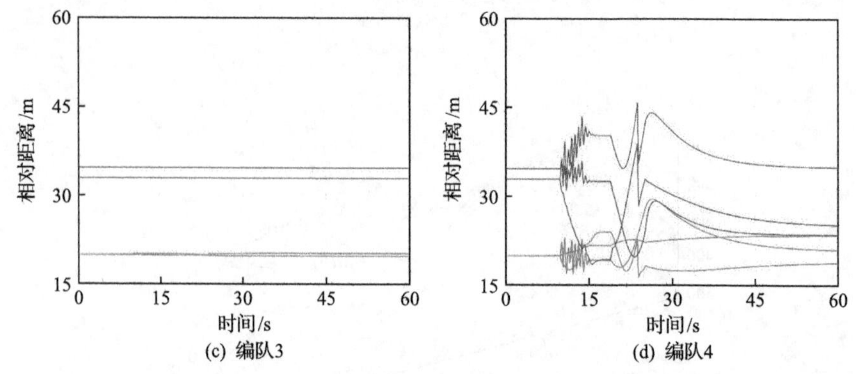

图 4.8　连环冲突场景中编队内无人机间的欧氏距离

4.6　本章小结

本章提出了面向无人机编队的防撞策略，编队采取“领导者-跟随者”的形式，即以领机作为无人机编队的控制者并独立飞行，不受编队内其他个体的影响，其他个体作为僚机，跟随领机飞行，通过“共识算法”收敛到时变的期望位置并保持稳定的编队几何构型。对此，首先对无人机编队的网络结构进行建模，其次提出了编队控制的高层结构和低层结构，并引入改进的人工势场法来避免编队内的碰撞，再次为无人机生成了相关控制信号，以跟踪高级轨迹生成器生成的轨迹。最后通过设置多编队冲突场景和连环冲突场景对算法的有效性进行了证明。

第 5 章　基于复杂网络的无人机防撞方法

防撞系统的核心步骤是处理每个轨迹输入的信息，即每个无人机的四维(三维位置+时间)信息，并分析下一个时间间隔是否存在任何威胁。如果检测到威胁，系统会立即做出反应，并计算合适的防撞策略，随后将指令传达给每个无人机以协同解决当前威胁。

分布式动态优化方法(DDOA)用于为无人机生成合适的防撞方向，从而可以减少冲突问题。这种方法的核心算法由两部分组成：冲突检测(CD)模块用来检测威胁，冲突解决(CR)模块用来解决所检测到的冲突。复杂网络旨在选择合适的无人机使其在局部优化范围内避免碰撞。基于复杂网络的无人机防撞方法每一步仅允许一架无人机执行一次冲突，这是 DDOA 的原理。

5.1　核 心 算 法

这个问题的背景是大规模无人机集群汇聚，这时非常有可能发生冲突。为了简便，在分析轨迹时不讨论天气因素干扰。无人机在相同或不同的飞行高度上共享一个共同的空域，只有当它们之间的间隔大于给定的安全距离时，才能认为无人机集群是安全的。本书用一系列离散点模拟无人机的轨迹，并且从该离散轨迹点还可以获得速度信息。

由于无人机集群经常受到威胁，而某些威胁被视为潜在威胁，所以在每一个受威胁时刻执行一次防撞操作更有效，而不是一次性解决所有的威胁。通过构建无人机集群的复杂网络，分析威胁条件下的网络性质，确定合适的冲突解脱策略，无人机集群可以在性能约束条件下自组织进行冲突解脱，从而提高实时性和准确性。该冲突解脱方法在无人机集群中的适用性较显著。

5.1.1　数学模型

在复杂网络理论中，关键节点具有重要的属性[76,77]，表现为在整个复杂网络系统中的影响最大[78,79]。基于此提出的基于复杂网络的无人机防撞方法在每个时刻考虑无人机集群系统的安全指标，使得整个飞行过程的整体安全性最大化。防撞系统由两个关键算法组成，即关键节点选择算法和防撞方向选择算法。防撞系统使用复杂网络表达了无人机之间的威胁。无人机集群复杂网络模型基于三个参数建立，即飞行速度、飞行角度和安全区域。在实时通信环境中，所有无人机都飞向给定目标并且必须执行防撞操作。每个无人机拥有飞行轨迹控制模块，并通过防撞系统计算防撞策略，无人机通过实时数据链路与周边无人机交互。

无人机节点用于表征系统实时监视无人机的状态。其属性表示为{无人机，速度，位置，角度，时间，状态，方向，强度，接近时间，时间成本，关键节点}。其中，无人机指无人机序号，速度指无人机速度，位置指无人机的当前位置，角度指无人机飞行角度，时间指无人机的当前时间，状态指无人机飞行状态，方向指无人机防撞方向，强度指无人机的改变方向强度，接近时间指无人机到达最近点的剩余时间，时间成本指整个飞行时间消耗，关键节点指无人机是否被选为关键节点。

为了检测碰撞，在笛卡儿系统中识别无人机。每架无人机的飞行动态由以下公式驱动：

$$R_i(t)=\begin{bmatrix} r_{x,i}(t) \\ r_{y,i}(t) \\ r_{z,i}(t) \end{bmatrix},\quad V_i(t)=\dot{R}_i(t)=\begin{bmatrix} \dot{r}_{x,i}(t) \\ \dot{r}_{y,i}(t) \\ \dot{r}_{z,i}(t) \end{bmatrix}=\begin{bmatrix} v_i(t)\cos\varphi_i^t\cos\theta_i^t \\ v_i(t)\cos\varphi_i^t\sin\theta_i^t \\ v_i(t)\sin\varphi_i^t \end{bmatrix} \tag{5.1}$$

其中，$R_i(t)$ 和 $V_i(t)$ 被定义为在时间 t，UAVi 的位置矢量和速度矢量；i 表示无人机序号；θ_i^t 为水平角度，即速度 $V_i(t)$ 在平面 x-y 沿平面（x 轴逆时针方向）的角度；φ_i^t 为速度 $V_i(t)$ 在垂直方向上的爬升角（从所测量的无人机方向采取正向上和负向下）。

由无人机的性能决定的最大爬升（倾斜）角度被定义为在执行防撞任务时限制无人机在垂直平面中上升和下降的最大角度，从而设定最大俯仰变化角度。约束可以表示如下：

$$\varphi_{i,\min} \leqslant \varphi_i(t) \leqslant \varphi_{i,\max} \tag{5.2}$$

在接下来的时间步长内位置的集合如下：

$$P(i)=\left\{s\in V\,|\,\|R_i-R_s\|=v\cdot\Delta t,\ \ \varphi_{\max}=\arg\sin\left(|z_i-z_s|/\|R_i-R_s\|\right)\right\} \tag{5.3}$$

其中,z_i 和 z_s 分别为 UAVi 的当前海拔和 UAVi 在下一步的候选位置；v 和 Δt 分别为无人机的绝对速度和每个仿真步长的时间间隔。

当检测到冲突中涉及的第一对无人机时，每个无人机在第一对无人机到达危险点之前保持其速度以简化冲突情况。要确定是否存在冲突威胁，必须满足范围和垂直冲突标准。此时间间隔定义为最近接近点(CPA)的时间：

$$T_{h,ij}^t=\frac{\left|r_{h,i}^t-r_{h,j}^t\right|}{\left|v_{h,i}^t-v_{h,j}^t\right|\cdot\cos\left(\alpha_{ij}^t-\beta_{ij}^t\right)},\ \ r_{h,ij}^t v_{h,ij}^t<0 \tag{5.4}$$

$$\alpha_{ij}^t=\arctan\left(\left|r_{x,ij}^t\right|/\left|r_{y,ij}^t\right|\right) \tag{5.5}$$

$$\beta_{ij}^t=\arctan\left(\left|v_{x,ij}^t\right|/\left|v_{y,ij}^t\right|\right) \tag{5.6}$$

其中,$T_{h,ij}^t$ 为 UAVi 和 UAVj 到达水平面上 CPA 的时间;下标 h 表示水平面，j 表示无人机的序号。该等式是在分母不等于零的条件下定义的。下面的等式被定义为到达垂直平面上 CPA 的时间：

$$T_{z,ij}^t=\frac{\left|r_{z,ij}^t\right|}{\left|v_{z,ij}^t\right|},\ \ r_{z,ij}^t v_{z,ij}^t<0 \tag{5.7}$$

如果满足以下条件，一个交通警报(TA)将触发事件：

$$\left(0<T_{h,ij}^t<T_{\mathrm{TA}}\right)\wedge\left(0<T_{z,ij}^t<T_{\mathrm{TA}}\right)\wedge\left(D_{h,ij}^{t+T_{h,ij}^t}<\mathrm{DMOR}_{\mathrm{RA}}\right)\wedge\left(D_{z,ij}^{t+T_{h,ij}^t}<\mathrm{ZTHR}_{\mathrm{RA}}\right) \tag{5.8}$$

$\mathrm{DMOR}_{\mathrm{RA}}$ 和 $\mathrm{ZTHR}_{\mathrm{RA}}$ 分别是安全航行的范围和高度限制范围值，这是为了解决在慢接近速率的情况下时间阈值不适用的情况。$D_{h,ij}^{t+T_{h,ij}^t}$ 和 $D_{z,ij}^{t+T_{h,ij}^t}$ 分别是 UAVi 和 UAVj 之间在 CPA 的水平距离和垂直距离。使用第一对无人机触发 TA 的时间为第一次决策的时间，并建立了一个网络，每个无人机都被表示为一个节点。如果一对节点发生冲突，则该节点将建立连接。此时，系统中的所有节点都将验证它们是否正在接近，如果它们相互接近，则连接两个节点：

$$\left(r_{h,ij}^{t} \cdot v_{h,ij}^{t} < 0\right) \wedge \left(r_{z,ij}^{t} \cdot v_{z,ij}^{t} < 0\right) \tag{5.9}$$

在一对无人机的情况下，CA 基于以下原理。在图 5.1 中，UAV1 从右侧巡航到左侧，而 UAV2 和 UAV3 从左侧巡航到右侧。此时，选择 UAV1 作为关键节点。根据此时的场景，可以选择 CA 的方向以及预测的 CPA 目标点。此外，UAV2 和 UAV3 必须保持最小的安全高度限制。下面将讨论具体的关键节点选择方法和防撞方向选择策略。

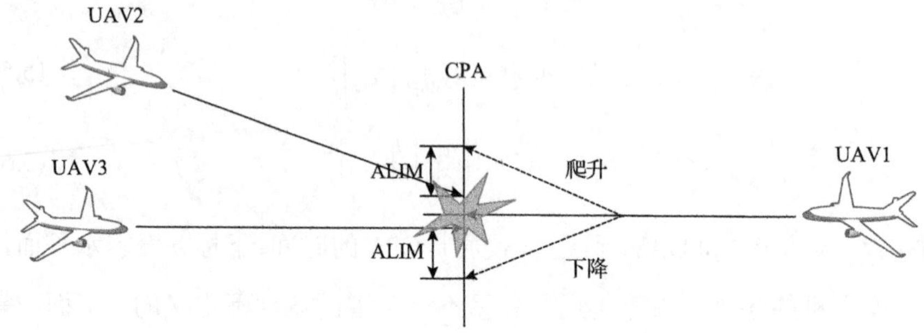

图 5.1　无人机防撞基本原理

5.1.2　关键节点选择

在冲突中要解决的第一个问题是选择一个关键的无人机来修改其轨迹以避免碰撞。这里提出的方法是通过分析在碰撞空间中形成的网络来决定无人机的优先级。选择受威胁最大的一个无人机作为关键节点。

为了表达清晰，有必要定义碰撞空间。当防撞系统检测到一对表现出碰撞风险的无人机时，系统通过全局数据分析获得将来要撞击的所有可能的无人机序号，并获得相应无人机的状态。由这些无人机形成的空域称为碰撞空间。其中，存在碰撞风险的无人机之间进行连接，并且形成用于分析的网络。应用邻接矩阵来记录无人机之间的状态。节点表示无人机，边缘表示无人机之间的关系。定义一个集合以包含满足条件的节点。如图 5.2 所示，节点代表相应的无人机。

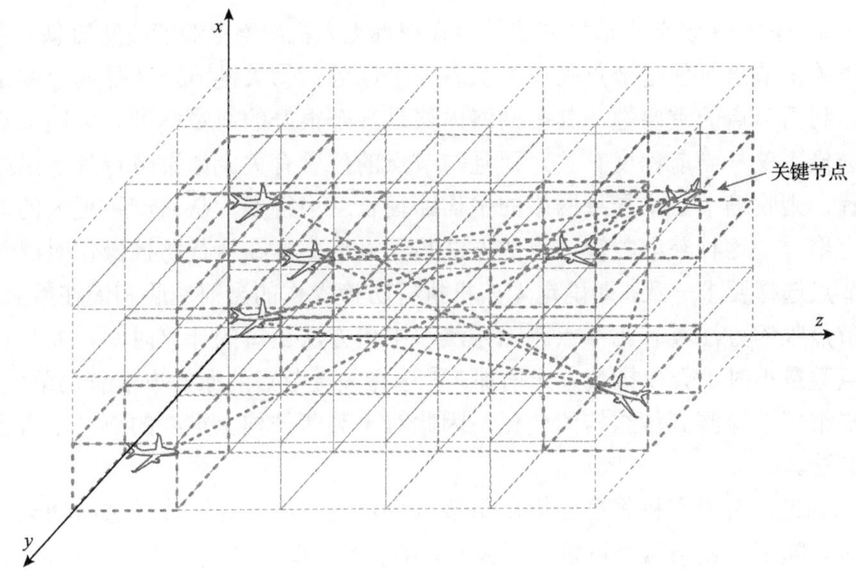

图 5.2　无人机防撞的关键节点选择概念图

在网络建立完成之后，建立网络以描述多无人机系统的内部特征。网络中的节点表现出不同的属性，因为位置和速度不同，所以威胁程度也不同。因此，可以根据属性选择关键节点。

首先，测量无人机威胁程度的最简单方法是检查网络中连接边的情况，称其为基于度的关键节点选择方法。为了使网络更接近真实场景，仅使用边缘数量值是不够的。基于度的关键节点选择方法需要更详细的信息，边是一个不错的选择。边应包含额外的属性来挖掘无人机之间的真实关系，这种关系包括无人机之间的距离和相对速度。一对无人机越接近彼此，它们就越危险。因此，每侧的权重取决于无人机之间的相对距离和相对速度，其被定义为无人机之间的边缘权重：

$$\omega_{ij} = \frac{v_{ij} \cdot d_{ij}}{\left|d_{ij}\right| \cdot \left|d_{ij}\right|}$$

其中，v_{ij} 为矢量方向上的相对速度；d_{ij} 为无人机之间的距离。这意味着两个无人机彼此接近的速度越快，两个无人机之间边的权重就越大。每个节点的重要程度可以基于所有边的权重，权重的加和值表示该节点的重要程度。

还有很多其他的方法用于比较节点的重要性[76,80]。在此提出的基于节点收缩方法的关键节点选择方法[81]旨在挖掘无人机网络更深的威胁信息。在选择关键节点时使用节点收缩方法有三个原因：①关键节点选择的原则是充分利用节点的重要性，其中网络内聚是一个很好的衡量标准。关键节点的选择不仅与当前程度有关，而且与节点的位置有关。如果节点处于堡垒位置，则收缩节点将导致网络的平均路径长度小得多，从而产生更大的网络内聚力。这种获取关键节点的方法与无人机集群在执行防撞操作时的关键节点选择要求一致，即确定无人机执行防撞操作的当前威胁和潜在威胁。②节点收缩方法具有比节点删除方法和中值方法更短的计算时间，并且当节点数量小时不会以指数方式增加。③选择关键节点的原始方法有局限性，无法很好地检测到簇结构的变化，因此对于某些结构上重要的点，不考虑该方法。

首先，对无人机集群建模，用节点表示无人机，并连接受威胁的无人机对。随后，复杂网络可以表示为 $G=(U,C)$，其中 G 是一个无向连通图。假设存在 n 个节点和 m 个边缘，它们分别代表 n 个无人机和 m 个威胁。

威胁系数 $\omega_{ij}=v_{ij}/d_{ij}$ 显示了 UAVi 和 UAVj 之间的威胁程度，其中 v_{ij} 和 d_{ij} 分别代表 UAVi 和 UAVj 之间的相对速度和相对位置。

ω_{ij} 定义为

$$\omega_{ij}=\begin{cases}\dfrac{v_{ij}\cdot d_{ij}}{\left|d_{ij}\right|\cdot\left|d_{ij}\right|}, & \dfrac{v_{ij}\cdot d_{ij}}{\left|d_{ij}\right|\cdot\left|d_{ij}\right|}>0\\ 0\,, & \dfrac{v_{ij}\cdot d_{ij}}{\left|d_{ij}\right|\cdot\left|d_{ij}\right|}\leqslant 0\end{cases}\tag{5.10}$$

G 的邻接矩阵 $H=[h_{ij}]$，它包含 n 行和 n 列。元素 h_{ij} 定义如下：

$$h_{ij}=\begin{cases}1, & 0<d_{ij}<\infty\\ 0, & d_{ij}=\infty\end{cases}\tag{5.11}$$

网络内聚力的程度取决于网络中每个节点的连通性，使用所有节点对之间的最短距离的算术平均值进行计算。网络内聚力程度仍然与网络密度有关，这是因为在无人机网络中，无人机数量越大，整个网络的威胁就越大，网络内聚力就越大。

G 的内聚力定义如下：

$$\partial[G]=\frac{\omega}{nl}=\frac{\sum\limits_{i\neq j\in U}\omega_{ij}}{n\frac{\sum\limits_{i\neq j\in U}d_{ij}}{n(n-1)}}=\frac{(n-1)\sum\limits_{i\neq j\in U}\omega_{ij}}{\sum\limits_{i\neq j\in U}d_{ij}} \tag{5.12}$$

以下等式显示了节点 u_i 的重要性[80]：

$$\begin{aligned}\mathrm{IM}(u_i)&=1-\frac{\partial[G]}{\partial[G-u_i]}=1-\frac{\frac{\omega_n}{nl(G)}}{\frac{\omega_{n-k_i}}{(n-k_i)l(G-u_i)}}\\&=\frac{nl(G)\omega_{n-k_i}-(n-k_i)l(G-u_i)\omega_n}{nl(G)\omega_{n-k_i}}\end{aligned} \tag{5.13}$$

因为 $l(G-u_i)<l(G),\ k_i>1,\ \omega_n<\omega_{n-k_i}$，所以不等式 $0<\mathrm{IM}(u_i)<1$ 可以被满足。

关键节点选择方法如下[80]。

输入：H, W。

输出：IM。

步骤 1：对于所有无人机节点对计算最短距离矩阵。

步骤 2：计算无人机网络的初始内聚力。

步骤 3：计算无人机所有节点的节点重要性。

步骤 4：在节点 u_i 收缩之后通过计算收缩后的节点对之间最短距离矩阵 D_i 和威胁矩阵 W_i 计算网络内聚力 $\partial[G-u_i]$，从而获得 $\mathrm{IM}(u_i)$。

如上述步骤所示，整个算法的时间复杂度取决于收缩后所有节点对之间最短距离矩阵 D 的计算节点，因为计算威胁矩阵 W_i 只需要删除当前节点周围的节点 u_i。Floyd 算法的时间复杂度是 $O(n^3)$，故需要缩小每个节点的操作算法的复杂性将达到 $O(n^4)$。下面给出的是基于初始矩阵计算 D_i 算法，计算可以用少量操作完成，整个算法的时间复杂度将降低到 $O(n^3)$。

直接距离矩阵 $S=[s_{ij}]_{n\times n}$ 可以通过邻接矩阵 $H=[h_{ij}]$ 获得。

此时，在无人机网络中任何一对节点 $(u_p,u_q)(\in U\times U)$ 之间最短距离的变化规律如下。

(1) 假设$u_p \neq u_i$和$u_q \neq u_i$。如果$d_{pi} + d_{iq} = d_{pq}$，意味着节点 u_i 是节点u_p和节点u_q之间的最短路径，则$d'_{pq} = d_{pq} - 1$；如果$d_{pi} + d_{iq} \geqslant d_{pq} + 1$，意味着节点$u_i$不在节点$u_p$和节点$u_q$之间的最短路径上，则$d'_{pq} = d_{pq}$。

(2) 如果只有一个节点u_i存在于节点u_p和节点u_q之间，则$d'_{pq} = d_{pq} - 1$。

(3) 如果$u_p = u_q = u_i$，则$d'_{pq} = d_{pq} = 0$。

5.1.3　防撞方向选择

防撞系统使用向上或向下的策略以避免冲突，正确的方向选择能减少多米诺效应的发生。例如，如果关键无人机下降，则会发生两次新的碰撞；如果爬升，则会发生三次。机载防撞系统(ACAS)[82]表明在垂直方向上执行防撞操作安全有效。因此，本节只考虑无人机在垂直方向上的变化。如图 5.3 所示，关键节点方向选择方法如下。

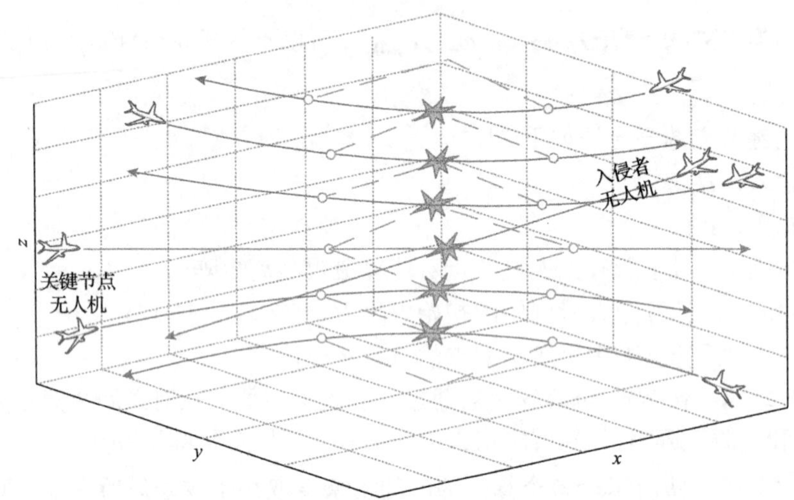

图 5.3　无人机防撞方向选择概念图

为了产生用于防撞的合适方向，假设无人机集群系统以最小的成本，选择最快的方法达到目标，并期望防撞过程的多米诺效应尽可能小。方向选择的目标函数应包括三个要素。

(1) 指定方向的入侵无人机数量：

$$Z_k(m) = \sum_{i=1}^{n} \operatorname{sgn}(x_k(i)), \quad x_k(i) = \begin{cases} 1, & z_i > z_k \\ -1, & z_i \leqslant z_k \end{cases} \tag{5.14}$$

(2) 网络鲁棒性。

复杂网络依赖于功能和性能的鲁棒性，即网络在其一部分顶点损坏时保持连通性的能力。在这种新的冲突模型的背景下，尽可能降低可靠性非常重要。边缘连接的鲁棒性定义如下：

$$R_k(m)=R\left(\frac{I_m}{N_m}\right)=\frac{M_m}{N_m-I},\quad M=\frac{\sum_{i=1}^{n}\sum_{j=1}^{n}\omega_{ij}}{2},\quad \omega_{ij}=\frac{v_{ij}}{d_{ij}} \tag{5.15}$$

(3) 网络连接组件：

$$C_k(m)=C\left(\frac{I_m}{N_m}\right)=\frac{C_m}{N_m-I_m} \tag{5.16}$$

其中，N_m 为在时刻 m 网络中的 N 个节点；I_m 为在时刻 m 网络中被删除的节点数；C_m 为网络的连接子图个数。

总之，时刻 m 的目标函数由三个元素组成，表示如下：

$$O_k(m)=\omega_1 Z_k(m)+\omega_2 R_k(m)+\omega_3 C_k(m) \tag{5.17}$$

其中，ω_1、ω_2 和 ω_3 是三个指标的相应权重系数。不同的权重满足不同场景的防撞要求。例如，$\omega_2<\omega_3$ 意味着连接组件比网络的鲁棒性更重要。值得注意的是，计算中需要标准化过程。

假设无人机的飞行方向在 $[m,m+N-1]$ 发生碰撞期间被改变，并且 UAVk 的相应位置和俯仰角向量分别为

$$p_k=[p_k(m),p_k(m+1),\cdots,p_k(m+N-1)]^{\mathrm{T}}$$

$$\varphi_k=[\varphi_k(m),\varphi_k(m+1),\cdots,\varphi_k(m+N-1)]^{\mathrm{T}}$$

下面的优化过程约束应满足：

$$q(\varphi_k(m+\Delta t))=\begin{bmatrix}1\\-1\end{bmatrix}(\varphi_k(m+\Delta t)-\varphi_k(m))-\begin{bmatrix}B\\-A\end{bmatrix}\leqslant 0$$

$$e_k(p_k(m+\Delta t))=\begin{bmatrix}x_k(m+\Delta t)-[x_k(m)+v_k\cos(\varphi_k(m))\cos\theta_k\cdot\Delta t]\\ y_k(m+\Delta t)-[y_k(m)+v_k\cos(\varphi_k(m))\sin\theta_k\cdot\Delta t]\\ z_k(m+\Delta t)-[z_k(m)+v_k\sin\varphi_k\cdot\Delta t]\\ \varphi_k(m+\Delta t)-[\varphi_k(m)+\omega_k(m)\cdot\Delta t]\end{bmatrix}=0 \tag{5.18}$$

其中，$q(\varphi_k(m+\Delta t))$ 意味着方向变化应该在 (A,B) 的范围内；$e_k(p_k(m+\Delta t))$ 表明 $m+\Delta t$ 时刻的俯仰角由时刻 m 的全局信息和防撞系统的约束决定。通过重复优化过程，生成完整的修正轨迹。

这个新模型的目标是尽快分解网络。这意味着在关键节点被删除之后，网络的鲁棒性尽可能低，且连接组件的数量应该尽可能小，同时意味着无人机相互离开，崩溃的风险正在变小。同时，该模型还考虑了相应方向的入侵者无人机的数量，这意味着由于模型选择的方向，入侵者无人机的密度很小，因此会减少多米诺效应的发生。在仿真步骤中，新模型获得关键节点，并在关键节点做出不同选择时评估网络的鲁棒性或连接组件的数量。关键节点将选择变化过程并在下一个仿真步骤中形成新网络，模型将再次选择关键节点。该模型将监测多个无人机系统，以确定是否存在 TA，如果模型停止搜索关键节点，则认为多个无人机系统是安全的。

值得注意的是，这种方法是解决死锁问题的方法。解决死锁问题的过程如下：在整个仿真期间，实时执行无人机之间的威胁检测，实时建立网络，选择关键节点，并且选择防撞方向。这个过程总是会选择新的关键节点并且执行防撞操作，将决策问题分为两个阶段，因此可以避免死锁。

5.2 仿真实验

5.2.1 案例情景

使用两种不同的关键节点选择方法对九种无人机场景进行两次不同的模拟实验。无人机设定的巡航速度为 10m/s。最小间隔距离设定为 35m。模拟步长设置为 1s。俯仰角范围为–0.785rad 至 0.785rad。假设每个无人机可以感知全局信息并且可以忽略模拟计算时间。仿真代码运行在配备 2.6GHz 的 Intel i7 处理器和 8GB RAM 的 T450 笔记本电脑上。

图 5.4(a)显示无人机轨迹在第一个基于度的关键节点选择方法下的防撞场景。在这种情况下，第一次出现 TA 是 UAV1 和 UAV9 相互碰撞时。在防撞系统分析之后，发现除了避免即将发生的碰撞之外，还可能发生潜在的碰撞。因此，当 TA 第一次在 18:15:22 发出警告时，系统选择 UAV1 作为关键节点并指示 UAV1 下降以避免冲突。随着模拟步骤的进行，UAV6 和 UAV9 突然碰到彼此的威胁区域。这时，UAV6 成为关键节点，系统向 UAV6 发送爬升指令以避免碰撞。图 5.4(b)中的结果演示了冲突解脱操作，

由于同一场景中的关键节点不同，因此防撞策略产生了差异。选择关键节点时采用节点收缩方法，系统选择 UAV9 作为关键节点，并指示 UAV9 下行以避免冲突。这些无人机构成了分散的防撞情况，可以通过以下事实来解释：该区域中网络的鲁棒性已经最小化。直观的图像是三个无人机已经展开，没有出现交叉路线，从而避免了多米诺效应。

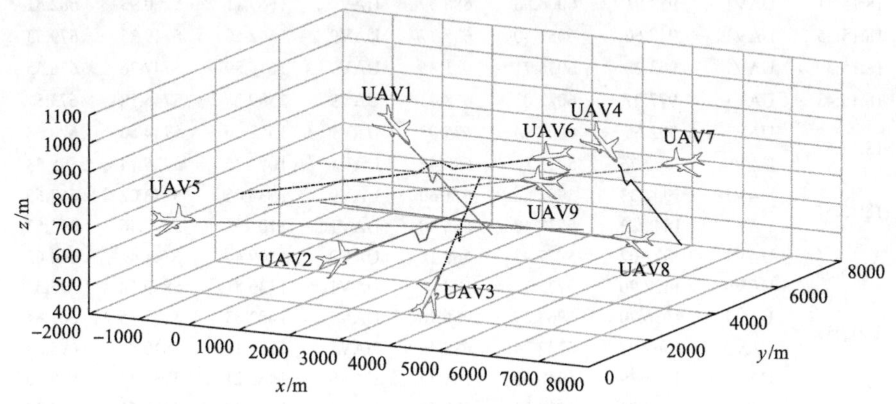

(a) 基于度的关键节点选择

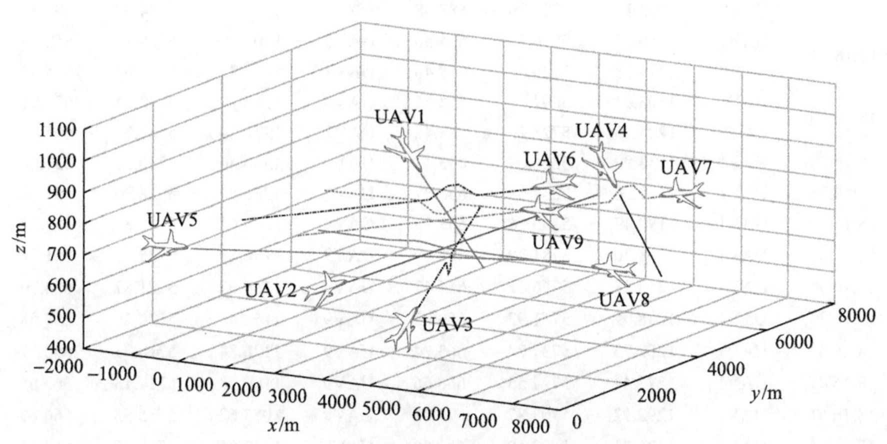

(b) 基于节点收缩方法的关键节点选择

图 5.4　相同场景下不同关键节点选择方法对防撞的影响

表 5.1 总结了 UAV1 和 UAV9 在相同的场景下、两种不同的关键节点选择方法下的轨迹(简单起见，每 4s 记录一次航点)。无人机开始在 18:15:23 改变角度，并在 18:17:23 返回原始轨迹。

表 5.1　部分轨迹的航迹点

时刻	ID	场景 1 修正过的轨迹			ID	场景 2 修正过的轨迹		
		x/m	y/m	z/m		x/m	y/m	z/m
18:15:19	UAV1	876.27	6123.72	695.67	UAV9	1762.27	5756.46	688.52
18:15:23	UAV1	904.54	6095.45	695.53	UAV9	1722.34	5754.09	688.48
18:15:27	UAV1	919.23	6080.77	692.11	UAV9	1695.73	5752.51	685.49
18:15:31	UAV1	933.91	6066.08	688.69	UAV9	1669.11	5750.93	682.51
18:15:35	UAV1	948.60	6051.40	685.27	UAV9	1642.50	5749.35	679.53
18:15:39	UAV1	963.28	6036.71	681.85	UAV9	1615.89	5747.76	676.55
18:15:43	UAV1	977.97	6022.03	678.43	UAV9	1589.28	5746.18	673.57
18:15:47	UAV1	992.65	6007.34	675.02	UAV9	1562.66	5744.60	670.58
	UAV9	1482.76	5739.86	688.48	UAV1	1074.25	5925.74	695.53
18:15:51	UAV1	1007.33	5992.66	671.60	UAV9	1536.05	5743.02	667.60
	UAV9	1442.83	5737.48	688.48	UAV1	1102.53	5897.46	695.53
18:15:55	UAV1	1022.02	5977.97	668.18	UAV9	1509.44	5741.44	664.62
	UAV9	1402.90	5735.11	688.48	UAV1	1130.81	5869.18	695.53
18:15:59	UAV1	1036.70	5963.29	664.76	UAV9	1482.83	5739.86	661.64
	UAV9	1362.97	5732.74	688.48	UAV1	1159.10	5840.89	695.53
18:16:03	UAV1	1051.39	5948.60	661.34	UAV9	1456.21	5738.28	658.66
	UAV9	1323.04	5730.37	688.48	UAV1	1187.38	5812.61	695.53
18:16:07	UAV1	1066.07	5933.92	657.92	UAV9	1429.60	5736.70	655.67
	UAV9	1283.11	5727.99	688.48	UAV1	1215.67	5784.32	695.53
18:16:11	UAV1	1080.76	5919.23	654.50	UAV9	1402.99	5735.12	652.69
	UAV9	1243.18	5725.62	688.46	UAV1	1243.95	5756.04	695.53
18:16:15	UAV1	1105.63	5894.36	653.54	UAV9	1366.39	5732.94	651.91
	UAV9	1203.25	5723.25	688.48	UAV1	1272.24	5727.75	695.53
18:16:19	UAV1	1133.90	5866.09	653.43	UAV9	1326.46	5730.57	651.86
18:16:23	UAV1	1162.16	5837.83	653.27	UAV9	1286.54	5728.20	651.82
18:16:27	UAV1	1190.43	5809.56	653.13	UAV9	1246.61	5725.83	651.77
18:16:31	UAV1	1218.70	5781.29	652.99	UAV9	1206.68	5723.45	651.72
18:16:35	UAV1	1233.38	5766.61	656.41	UAV9	1180.07	5721.87	654.70
18:16:39	UAV1	1248.07	5751.92	659.82	UAV9	1153.46	5720.29	657.68
18:16:43	UAV1	1262.75	5737.24	663.24	UAV9	1126.84	5718.71	660.67
18:16:47	UAV1	1277.44	5722.55	666.66	UAV9	1100.23	5717.13	663.65
18:16:51	UAV1	1292.12	5707.87	670.08	UAV9	1073.62	5715.55	666.63
18:16:55	UAV1	1306.81	5693.18	673.50	UAV9	1047.01	5713.97	669.61
18:16:59	UAV1	1321.49	5678.50	676.92	UAV9	1020.39	5712.39	672.59
18:17:03	UAV1	1336.18	5663.81	680.34	UAV9	993.78	5710.80	675.58
18:17:07	UAV1	1350.86	5649.13	683.75	UAV9	967.17	5709.22	678.56
18:17:11	UAV1	1365.55	5634.44	687.17	UAV9	940.56	5707.64	681.54
18:17:15	UAV1	1380.23	5619.76	690.59	UAV9	913.94	5706.06	684.52
18:17:19	UAV1	1394.92	5605.07	694.01	UAV9	887.33	5704.48	687.50
18:17:23	UAV1	1416.39	5583.60	695.65	UAV9	850.73	5702.31	688.21

该仿真结果表明，防撞系统可以促进无人机集群在两种场景下有效避免碰撞。图 5.5 展示了有九架无人机参与的四次冲突解脱情况下的每一对无人机的相对距离。值得注意的是，UAVi 和 UAVj 之间的距离是由 d_{ij} 定义的。显然，根据图 5.5，每对无人机的分离距离表示永远不会相撞。例如，在场景 1，UAV1 遭遇 UAV6 和 UAV9 时和它们之间的距离总是大于最小安全距离，即使在最近的点，安全飞行也是有保证的，并且场景 2 也与此相同。

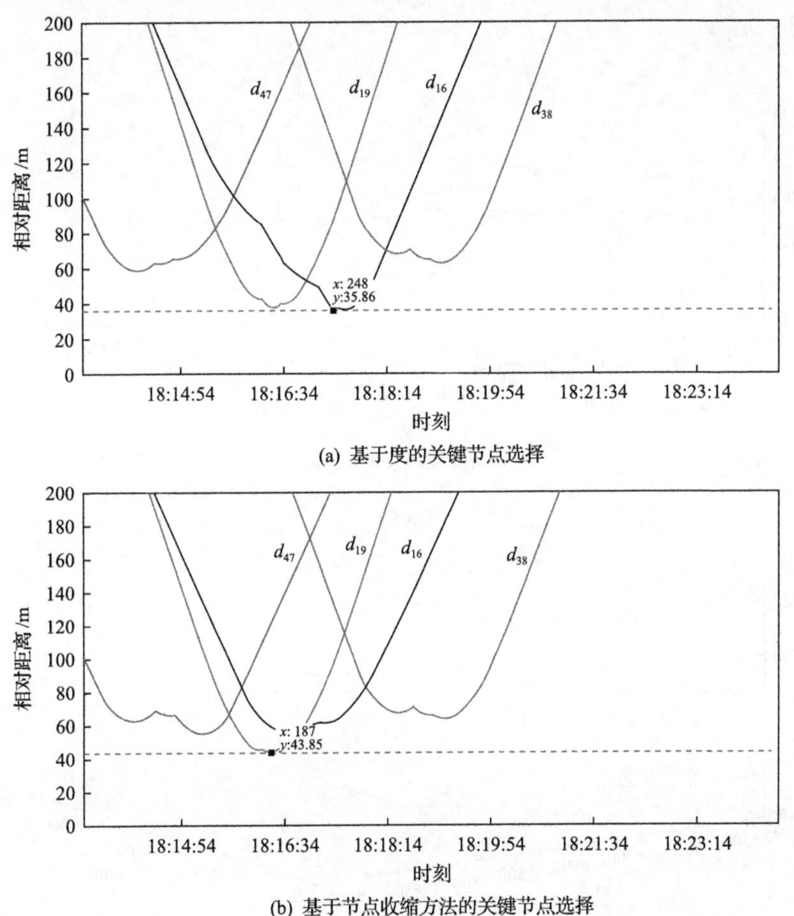

(a) 基于度的关键节点选择

(b) 基于节点收缩方法的关键节点选择

图 5.5　两种情况下无人机的相对距离

因为防撞方向选择算法实现了单个无人机方向的变化，所以当无人机未达到设置的防撞高度时，无人机的相对距离将略有减少。然而，它不会发生碰撞，因为它处于预测的碰撞时刻，无人机已经飞到了安全的高度。

因此，尽管在防撞期间可能发生接近趋势，但是无人机可以在随后的飞行路径中保持安全的相对距离。

图 5.6 描绘了无人机组最终防撞期间的情况。该连接代表了无人机之间的潜在威胁。连接方法与构建网络的逻辑相同。它与节点之间的相对距离和节点之间的相对速度有关。网络节点可以识别关键节点，并随后根据网络属性选择最合适的防撞方向。

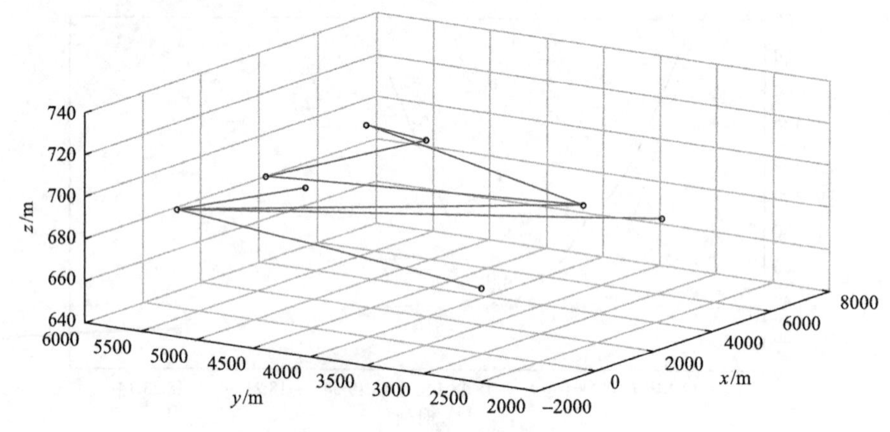

(a) 基于度的关键节点选择

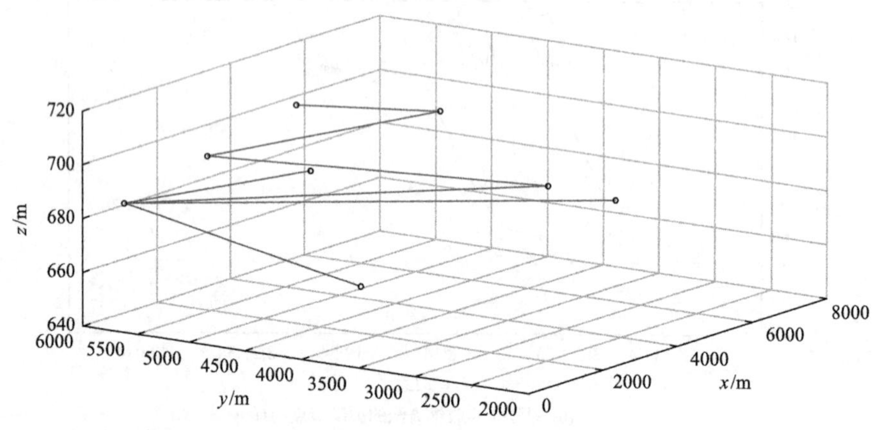

(b) 基于节点收缩方法的关键节点选择

图 5.6　两种场景下无人机最后一次遇到冲突的节点连接情况

此处定义了一个新的量，用于在使用不同方法选择关键节点时测量无人机的影响。将此数量定义为剩余威胁因子。该数量的含义是以关键节点为中心的某个区域中对无人机的威胁总和的度量。也就是说，它在执行防撞操作之后评估以该点为中心的特定区域中的无人机的安全性。因此，添加该区域中的无人机的威胁系数，并且比较不同的关键节点选择。算法下的剩余威胁因子比较了关键节点选择方法的优缺点。剩余威胁因子(RTF)可以定义如下：

$$\mathrm{RTF}_t = \frac{\sum\limits_{i,j=1}^{N} t_{ij}^k}{N} \tag{5.19}$$

$$t_{ij}^k = \begin{cases} t_{ij}, & (d_{ki} \leqslant d_{\mathrm{safe}}) \wedge (d_{kj} \leqslant d_{\mathrm{safe}}) \\ 0, & (d_{ki} > d_{\mathrm{safe}}) \vee (d_{kj} > d_{\mathrm{safe}}) \end{cases} \tag{5.20}$$

为了描述防撞期间的整体威胁，平均剩余威胁因子定义如下：

$$\overline{\mathrm{RTF}} = \sum_{t \in \mathrm{trt}} \mathrm{RTF}_t,\ \mathrm{TA}_{t \notin \mathrm{trt}} = 0 \tag{5.21}$$

表 5.2 给出了由两种关键节点选择方法得到的 $\overline{\mathrm{RTF}}$ 值。

表 5.2　两种关键节点选择方法的 $\overline{\mathrm{RTF}}$ 值

关键节点选择方法	$\overline{\mathrm{RTF}}$
基于度的关键节点选择方法	0.0126
基于节点收缩方法的关键节点选择方法	0.0093

基于度的关键节点选择方法的 $\overline{\mathrm{RTF}}$ 是 0.0126，而基于节点收缩方法的关键节点选择方法的 $\overline{\mathrm{RTF}}$ 是 0.0093，这意味着基于节点收缩方法的关键节点选择方法的平均威胁级别低于基于度的关键节点选择方法。

5.2.2　进一步的研究

本节讨论使用基于两种不同关键节点选择方法的复杂网络获得的主要结果，以及由随机选择的关键节点获得的方法，并且对这些方法进行统计比较。

为了验证基于复杂网络的无人机防撞方法的性能，按无人机数量分组，在 500 个不同的场景下从 50 到 120 各进行 100 次测试。额外消耗时间是经常使用的性能度量，是测量防撞系统方法的不同性能度量。

图 5.7 显示了基于复杂网络的无人机防撞方法与随机选择方向相比的额外消耗时间。

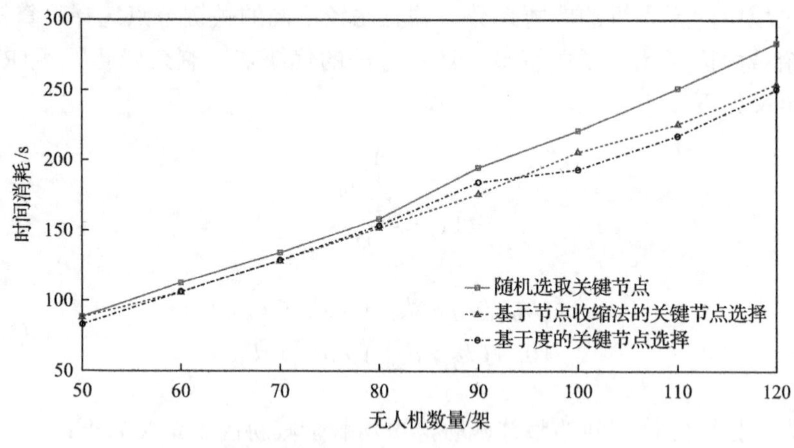

图 5.7 不同方法的时间消耗曲线图

这里给出的模拟结果清楚地证明了基于复杂网络的无人机防撞方法在解决高密度防撞问题方面的良好性能，因为潜在的威胁被优先解决，减少了多米诺效应冲突。这表明，如果更多的无人机在同一有限空域巡航，无人机的数量增加，会导致额外消耗时间增加，因为无人机会遭遇更多的冲突。它还显示额外消耗时间比无人机密度增加更快，并且基于复杂网络的无人机防撞方法下的额外消耗时间与随机选取关键节点方法下的额外消耗时间之间的差异随着无人机密度的增加而增加。然而，当随机选择关键节点时，消耗的时间总是大于基于度或节点收缩法的关键节点选择方法。在中空域密度环境(90 架无人机)下，基于度的关键节点选择方法比基于节点收缩法的关键节点选择方法消耗更多的时间，因为后者可以获得更多的潜在威胁信息，并且可以更准确地选择受威胁最大的节点。相反的情况适用于高空域密度环境(超过 100 架无人机)，因为空域充分饱和，最直观的方法可以更有效地处理这种情况。

将本章提出的基于复杂网络的无人机防撞方法与基于博弈论的算法(SGTA)[82]、反应式反向比例导航算法(RIPNA)[83-85]以及几何优化模型(GOM)[78]算法进行比较，本章方法能够处理大规模无人机集群冲突避免场景。本节比较了不同方法场景设置相同时的计算时间。场景的结果包括 20 架无人机、40 架无人机和 60 架无人机，如表 5.3 所示。

表 5.3　新算法计算时间消耗比较

无人机数量/架	所花费的时间/s				
	SGTA	RIPNA	GOM	基于度的复杂网络算法	基于节点收缩法的复杂网络算法
20	673	68	27	3	3
40	1711	200	68	9	10
60	3009	396	189	20	36

显然，基于复杂网络的无人机防撞方法的计算效率高于其他三种算法，并且值得一提的是，平均耗时不会呈指数增加。表 5.3 表明，该方法在可接受范围内可解决高密度交通空域内的防撞问题。

5.3　本 章 小 结

本章提出了一种基于复杂网络的无人机防撞方法用于局部空域中的一组无人机。该方法使用复杂网络理论尽可能快地在全局范围内同步无人机的轨迹以实现防撞。基于复杂网络的无人机防撞方法由两种不同的算法组成：关键节点选择算法和防撞方向选择算法。基于这两种子算法，无人机集群形成了一个局部空间范围，保证了无人机集群的安全。无人机集群的内在安全性是防撞系统的最佳核心算法。关键节点选择算法通过无人机的状态表示和冲突检测逻辑构造关键节点选择策略。防撞方向选择算法基于关键节点算法及最小鲁棒性原理选择威胁消除方案。这两种算法共同运用了现有技术和复杂网络理论，通过分析当前空域中无人机集群的各种状态，解决当一组无人机相遇时发生的威胁。如在两个经典无人机相遇的场景下的模拟实验所示，无人机集群基于复杂网络的防撞方法可行有效，对不同空域密度的威胁消除方案有积极影响，在安全性方面，它加强了无人机集群的安全性。

第6章 基于二阶共识算法和改进人工势场的无人机集群防撞方法

本章研究编队飞行情况下无人机集群的防撞问题，提出一种基于二阶共识算法和改进人工势场的无人机集群防撞方法。基于该方法，无人机集群可以从任何初始状态形成预定的编队队形并且能保持编队队形飞行到目标位置，当遇到障碍物时，可以根据改进的平滑人工势场方法进行防撞。无人机群采用“领导者-跟随者”策略，即领机是控制器并根据任务要求独立飞行，僚机遵循基于二阶共识算法的领机并逐渐形成编队飞行。在防撞过程中，改进的人工势场法可以解决传统的人工势场法在无人机防撞时产生的抖动问题。最后，本章还设计了两种情景的仿真实验，验证静态障碍物和动态障碍物的防撞效果和编队保持效果，通过实验证明本章所提出方法的有效性。

6.1 共识算法

6.1.1 图论

本节介绍图论的基本概念，为后续的编队共识算法进行铺垫。编队中个体之间的关系由带权邻接矩阵表示，假设图的节点为$V=\{v_1,v_2,\cdots,v_N\}$，有向边集合为$e=(E_{ij})_{N\times N}$，带权邻接矩阵为$d=(D_{ij})_{N\times N}$。图中的有向边e_{ij}指的是节点v_i到v_j的有向连线。

度矩阵是一个对角矩阵，表示每个节点连接到另一个节点的连接数，由式(6.1)表示：

$$D_{i,j}=\begin{cases}\deg(v_i), & i=j\\ 0, & 其他\end{cases} \tag{6.1}$$

邻接矩阵表示节点之间相连的关系以及信息流向关系，由式(6.2)表示：

$$A_{i,j}=\begin{cases}1, & i\text{与}j\text{相邻}\\0, & \text{其他}\end{cases} \tag{6.2}$$

拉普拉斯矩阵为：$L=D-A$。拉普拉斯矩阵的秩在很多方面都发挥着作用。无向图的拉普拉斯矩阵是对称矩阵并且是半正定的。

图 6.1 展示了一个简单图，它的度矩阵、邻接矩阵和拉普拉斯矩阵描述如下。

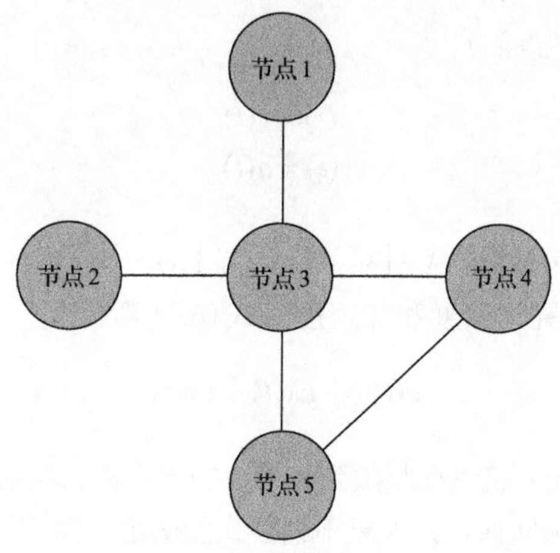

图 6.1　一个简单图示例

度矩阵为

$$D=\begin{bmatrix}1&0&0&0&0\\0&1&0&0&0\\0&0&4&0&0\\0&0&0&2&0\\0&0&0&0&2\end{bmatrix}$$

邻接矩阵为

$$A=\begin{bmatrix}0&0&1&0&0\\0&0&1&0&0\\1&1&0&1&1\\0&0&1&0&1\\0&0&1&1&0\end{bmatrix}$$

拉普拉斯矩阵为

$$
L=\begin{bmatrix} 1 & 0 & -1 & 0 & 0 \\ 0 & 1 & -1 & 0 & 0 \\ -1 & -1 & 4 & -1 & -1 \\ 0 & 0 & -1 & 2 & -1 \\ 0 & 0 & -1 & -1 & 2 \end{bmatrix}
$$

无人机的动态方程为

$$
\begin{aligned} \dot{x}(t) &= v(t) \\ \dot{v}(t) &= a(t) \end{aligned} \tag{6.3}
$$

其中，$x(0)=x_0, v(0)=v_0$，$x=[x_1^{\mathrm{T}},x_2^{\mathrm{T}},\cdots,x_n^{\mathrm{T}}]^{\mathrm{T}}, v=[v_1^{\mathrm{T}},v_2^{\mathrm{T}},\cdots,v_n^{\mathrm{T}}]^{\mathrm{T}}$。$x$、$v$ 和 a 分别是无人机的位置、速度和加速度。式(6.3)等同于

$$
a(t)=-Lx(t)-Lv(t) \tag{6.4}
$$

一般情况下，无人机需要收敛到和周边的无人机相同的状态，本书中为基于二阶共识算法的编队保持，如果下列公式能满足，则称二阶共识被满足[86]：

$$
\begin{aligned} \left\| x_i(t)-x_j(t) \right\|_{t\to\infty} &= 0 \\ \left\| v_i(t)-v_j(t) \right\|_{t\to\infty} &= 0 \end{aligned} \tag{6.5}
$$

由式(6.4)和式(6.5)可知二阶共识也能写为

$$
\begin{aligned} \dot{x}_i(t) &= v_i(t) \\ v_i(t) &= -\omega\sum_{j=1}^{N} L_{ij}x_j(t)-\varphi\sum_{j=1}^{N} L_{ij}v_j(t) \end{aligned} \tag{6.6}
$$

其中，ω 和 φ 是常量；$i=1,2,\cdots,N$。

令 $m=(x^{\mathrm{T}},v^{\mathrm{T}})^{\mathrm{T}}$，则上述公式能写为一个紧凑的形式[86]：

$$
\dot{m}(t)=(L\otimes I_N)\cdot m \tag{6.7}
$$

其中，$\otimes$ 为 Kronecker 乘法。

6.1.2 自适应人工势场法

本节基于无人机的防撞方法采取自适应人工势场法。基本的方法在于无人机朝着势场下降速度最快的方向移动[86]。目标的吸引力和障碍物的排斥力的合力控制无人机下一步的移动。

假设无人机的位置为 P_{UAV}，目标位置为 P_{goal}，则引力势场函数为[87]

$$U_a = \zeta_a (P_{\mathrm{goal}} - P_{\mathrm{UAV}})^2 \tag{6.8}$$

斥力势场函数为[88]

$$U_{\mathrm{rep}} = \frac{1}{2}\psi\left(\frac{1}{\lambda} - \frac{1}{\lambda_0}\right)^2 \tag{6.9}$$

其中，ζ_a 和 ψ 为常量；λ 为无人机和障碍物之间允许的最短距离；λ_0 为无人机与障碍物的最大作用距离。当相对距离大于最大作用距离时，障碍物对无人机没有作用力。

所以整个势场为：$U_t = U_a + \sum U_{\mathrm{rep}}$。

该方法有一定的局限性，当无人机接近障碍物时，排斥力显著加大；而当无人机接近目标点时，吸引力逐渐减弱，因此无人机很难到达目标位置。

6.2 二阶共识编队控制模型和改进无人机防撞方法

6.2.1 编队控制连续时域模型

假设每一架无人机都满足相同的动态方程：

$$\dot{s}_i = Ks_i + Za_i, \quad i \in \{1,2,\cdots,N\} \tag{6.10}$$

其中，s_i 为被储存的状态量；a_i 为控制输入量。为了对位置和速度进行控制，用记号 $s_p = ((s_p)_1,\cdots,(s_p)_N)$ 和 $s_v = ((s_v)_1,\cdots,(s_v)_N)$ 代表位置和速度变量，因此 $s = s_p \otimes \begin{bmatrix}1\\0\end{bmatrix} + s_v \otimes \begin{bmatrix}0\\1\end{bmatrix}$。本书中，为了简化问题，假设 $K = \begin{bmatrix}0 & 1\\0 & 1\end{bmatrix}$，这

意味着在此无人机动态系统中，无人机的位置仅由速度决定，速度仅由控制输入量决定。

编队由如下向量表示：

$$F = F_p \otimes \begin{bmatrix} 1 \\ 0 \end{bmatrix} \in \mathbf{R}^{2n \times N}$$

其中，无人机保持了编队队形 F 当且仅当在时刻 t 时有向量 $m, n \in \mathbf{R}^n$ 能够满足 $(s_p)_i(t) - (F_p)_i = m,\ (s_p)_i(t) = n(i = 1, 2, \cdots, N)$。在动态的编队中，需要无人机之间互相建立联系以控制无人机下一步的运动，本书利用拉普拉斯矩阵实现了编队的控制，假设 M_i 为第 i 架无人机周围的无人机。

输出函数可以定义为[89]

$$z_i = \sum_{j = M_j} [(s_i - F_i) - (s_j - F_j)], \quad i = 1, 2, \cdots, N \tag{6.11}$$

相应的输出向量可以写为 $z = L(s - F)$，其中 L 为拉普拉斯矩阵。

公式合并后可以得到[89]：

$$\begin{aligned} \dot{s} &= K_{\mathrm{c}} \cdot s + Z_{\mathrm{c}} \cdot a \\ a &= L \cdot (s - F) \end{aligned} \tag{6.12}$$

其中，$K_{\mathrm{c}} = I_N \otimes K, Z_{\mathrm{c}} = I_N \otimes Z$，编队系统在连续时间域的动态方程为

$$\dot{s} = K_{\mathrm{c}} \cdot s + Z_{\mathrm{c}} \cdot L \cdot (s - F) \tag{6.13}$$

6.2.2 离散化数据处理

为了节约计算资源，对该模型的连续时间域进行离散化处理。设连续的动态系统方程为

$$\begin{aligned} \dot{s}(t) &= K \cdot s(t) + Z \cdot a(t) \\ m(t) &= K_1 \cdot s(t) + Z_1 \cdot a(t) \end{aligned} \tag{6.14}$$

根据式(6.13)可以得到时刻 $(k+1)T$ 时的状态 s：

$$s((k+1) \cdot T) = \mathrm{e}^{K(k+1) \cdot T} x(0) + \mathrm{e}^{K(k+1) \cdot T} \int_0^{(k+1) \cdot T} \mathrm{e}^{-K\varphi} Z a(\varphi) \, \mathrm{d}\varphi \tag{6.15}$$

设 K_{d} 为离散模型中的 K 矩阵，$K_{\mathrm{d}}=\mathrm{e}^{Kt}$。由泰勒展开式可得

$$\mathrm{e}^{Kt}=I+tK+\frac{1}{2!}t^2K^2+\frac{1}{3!}t^3K^3+\cdots=\sum_{i=0}^{\infty}\frac{1}{i!}t^iK^i \tag{6.16}$$

将高阶项去掉可得 $K_{\mathrm{d}}=I+tK$，$Z_{\mathrm{d}}=\int_0^t \mathrm{e}^y Z\mathrm{d}y$，则连续时域的离散化模型为

$$s((k+1)T)=K_{\mathrm{d}}\cdot s(kT)+Z_{\mathrm{d}}\cdot a(kT) \tag{6.17}$$

6.2.3　基于改进人工势场法的路径优化

无人机在防撞过程中的运动方程为

$$\begin{cases} P_u(1,t+1)=P_u(1,t)+l\cdot\cos\eta \\ P_u(2,t+1)=P_u(2,t)+l\cdot\sin\eta \end{cases} \tag{6.18}$$

其中，$P_u(1,t+1)$ 和 $P_u(1,t)$ 分别表示无人机在时刻 $t+1$ 和时刻 t 时的 x 轴坐标位置；$P_u(2,t+1)$ 和 $P_u(2,t)$ 分别表示无人机在时刻 $t+1$ 和时刻 t 时的 y 轴坐标位置；l 是无人机每一时刻的步长；η 是无人机下一时刻的方向角。

引力势场函数和传统人工势场法相同，势场表示为 $U_a=\zeta_a(P_{\mathrm{goal}}-P_{\mathrm{UAV}})^2$。斥力势场函数使用的是类高斯函数的斥力函数：

$$U_{\mathrm{rep},i}=\zeta_{\mathrm{rep}}\cdot\exp\left\{-\frac{1}{\sigma^2}[(x_u-x_{\mathrm{ob},i})^2+(y_u-y_{\mathrm{ob},i})^2-r_u^2-r_{\mathrm{ob}}^2]\right\} \tag{6.19}$$

其中，x_u、y_u 表示当前无人机的坐标位置；$x_{\mathrm{ob},i}$、$y_{\mathrm{ob},i}$ 表示第 i 个障碍物的坐标位置；σ 表示障碍物势场的标准差；ζ_{rep} 表示障碍物势场的范围系数；r_u 表示无人机的大小；r_{ob} 表示障碍物的大小。

图 6.2 为人工势场方法概念图。可以得出整个势场为：$U_t=U_a+\sum U_{\mathrm{rep},i}$。假设在某一点处各个方向的总势场为 $U_{t,1},U_{t,2},\cdots,U_{t,n}$，取总势场最小的方向作为下一步无人机的运动方向。

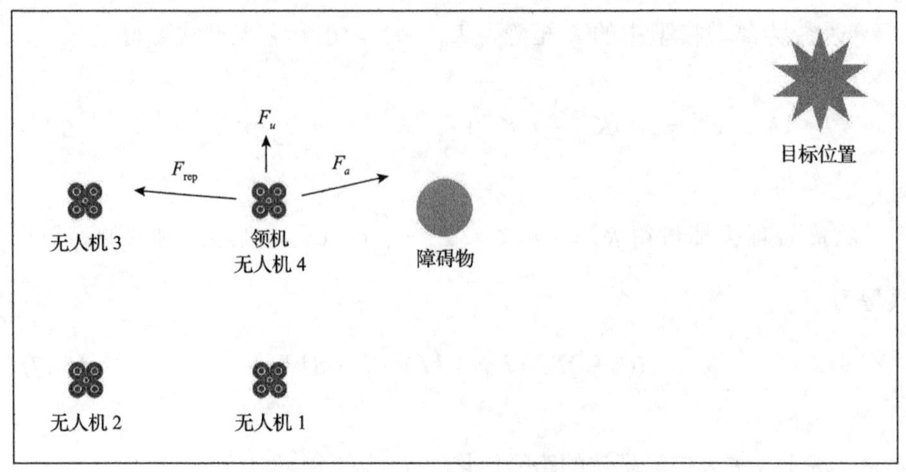

图 6.2　人工势场方法概念图

6.2.4　无人机编队保持集群防撞方法

本书针对无人机集群防撞考虑了两个方面：一方面是无人机保持编队队形通过静止障碍物的情况，另一方面是两个保持编队队形的无人机集群之间的防撞。无人机编队保持的集群防撞方法与普通的防撞方法相同，也是先判断无人机之间是否存在威胁，然后通过图 6.3 所示算法选择防撞的方向。

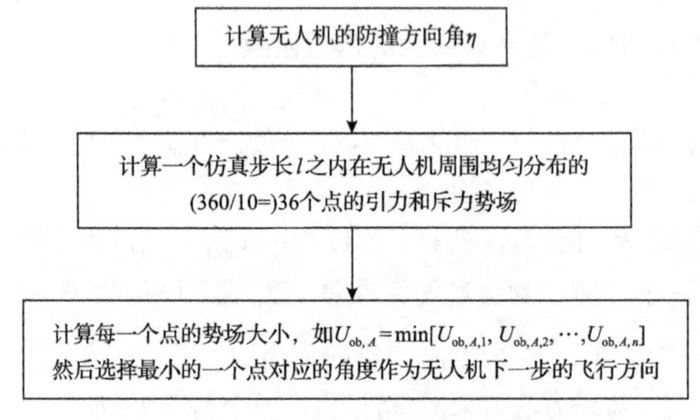

图 6.3　基于人工势场法的防撞方向选择算法

要满足编队保持和防撞两个目标，则需要设计相应的防撞算法，在防撞的同时考虑编队的保持，具体的算法流程如图 6.4 所示。

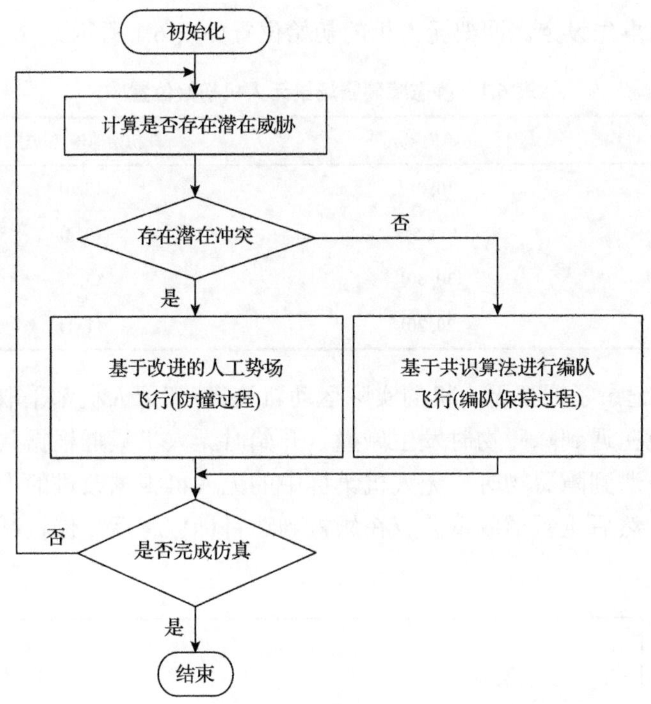

图 6.4　无人机编队保持集群防撞算法流程

6.3　仿真案例

对于无人机编队防撞来说，验证其防撞效果时应当考虑两种实际的场景。第一种是在障碍物静止的情况下，无人机集群保持编队的同时能够避开障碍物；第二种是在障碍物动态的情况下，无人机集群保持编队飞行同时避开撞击。为了验证这两种场景，本章设计了两个经典场景：一个是固定障碍物场景，另一个是两组无人机编队相向飞行场景。这两种场景是最常见并且相对防撞难度较大的，如果这两种场景能够成功防撞证明本章所提方法有效。

6.3.1　静态障碍物场景

在实验中，每一组无人机编队由四架无人机组成，其中一架无人机为领机，其目标位置、初始位置和初始速度事先已设定，僚机的初始位置和初始速度也事先设定。四架无人机的初始位置如表 6.1 所示。

表 6.1　静态障碍物场景无人机初始位置

无人机	初始位置/m	初始速度/(m/s)
僚机 1	(0, 0)	(5, 0)
僚机 2	(60, 5)	(0, 3)
僚机 3	(30, 50)	(2, 2)
领机	(20, 20)	(1, 1)

图 6.5 记录了四架无人机的实际运动轨迹，每架无人机都采取了机动措施，以避免在遇到障碍物时发生碰撞。开始时无人机集群根据共识算法形成编队。当遇到障碍物时，无人机集群中的无人机根据改进的人工势场法进行防撞，然后重新形成编队。在领机到达目标位置后，僚机减速并在编队中徘徊。

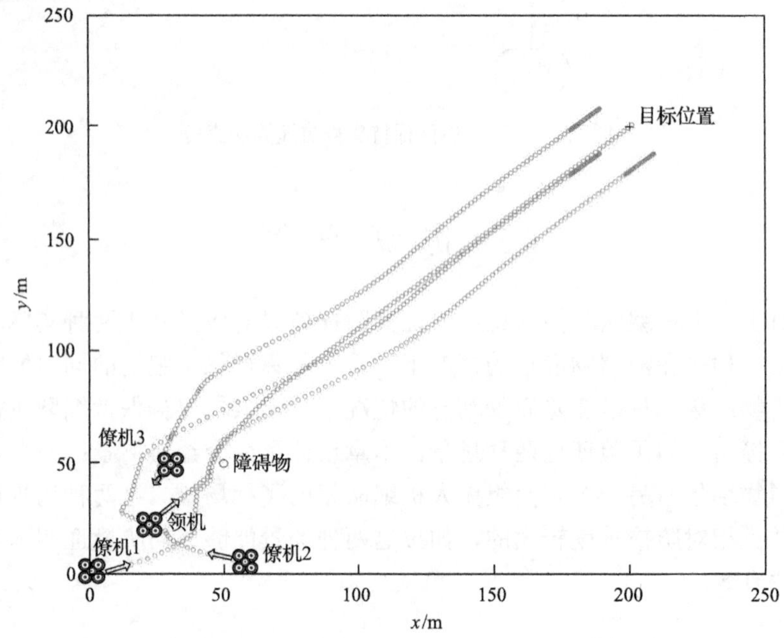

图 6.5　静态障碍物场景中的无人机编队飞行防撞图

图 6.6 显示了无人机集群中每对无人机随时间的相对距离。从图中的曲线可以看出，无人机之间没有发生碰撞，无人机之间的距离在穿过障碍物

后随着时间的推移逐渐稳定，表明无人机形成了稳定的形态。在无人机到达目标点后，僚机在附近来回移动并缓慢稳定成一个编队。

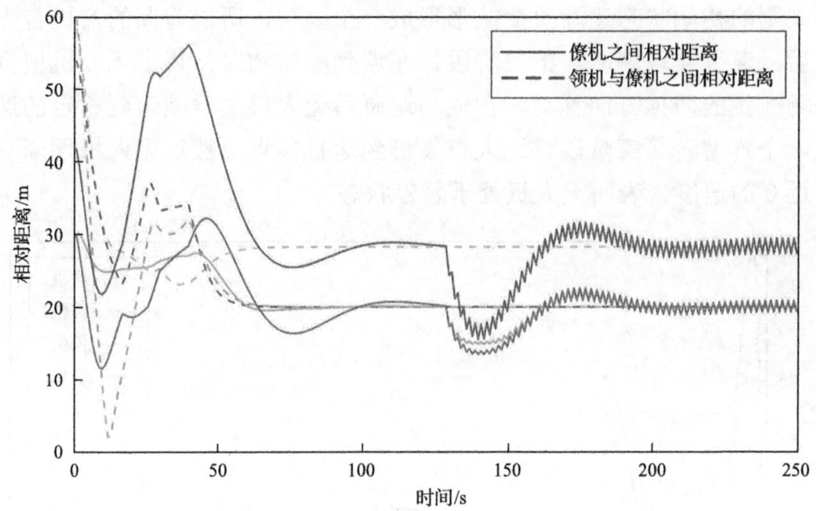

图 6.6　静态障碍场景下无人机编队成员之间的相对位置图

图 6.7 显示了无人机相对于障碍物的位置随时间的变化。从局部放大视图可以看出，无人机与障碍物的最近距离是 5m，这证明了在飞行过程中实现了成功防撞。

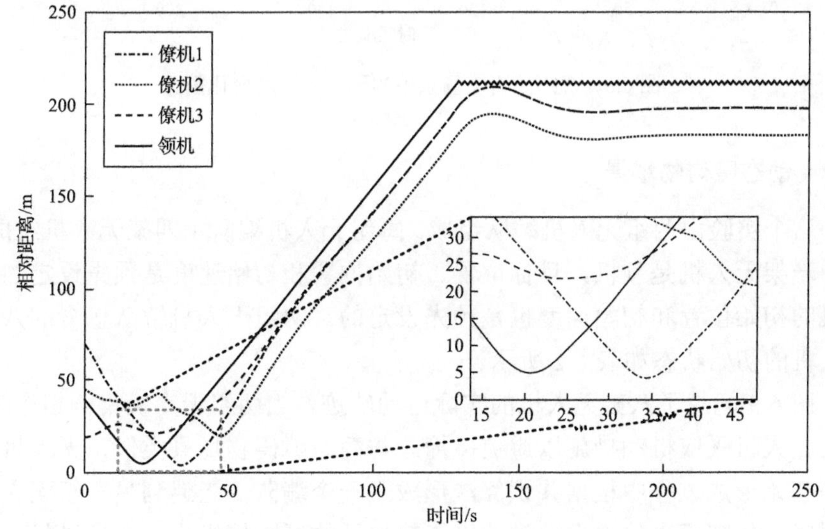

图 6.7　静态障碍物场景中无人机和障碍物的相对距离图

图 6.8 记录了每架无人机在飞行过程中的速度与时间的关系曲线。从速度曲线也可以看出，无人机集群在飞行过程中被分为三个阶段。第一阶段，从不规则的初始状态逐渐改变队形形成一个编队，所以前期的僚机首先加速然后减速以实现编队。第二阶段，在遇到障碍物时，每个无人机根据人工势场产生的防撞方向移动，在成功避碰后无人机集群减速到稳定的速度形成一个阵型。第三阶段，无人机集群到达目标点，然后无人机逐渐减速到接近 0 的速度，表明无人机处于悬停状态。

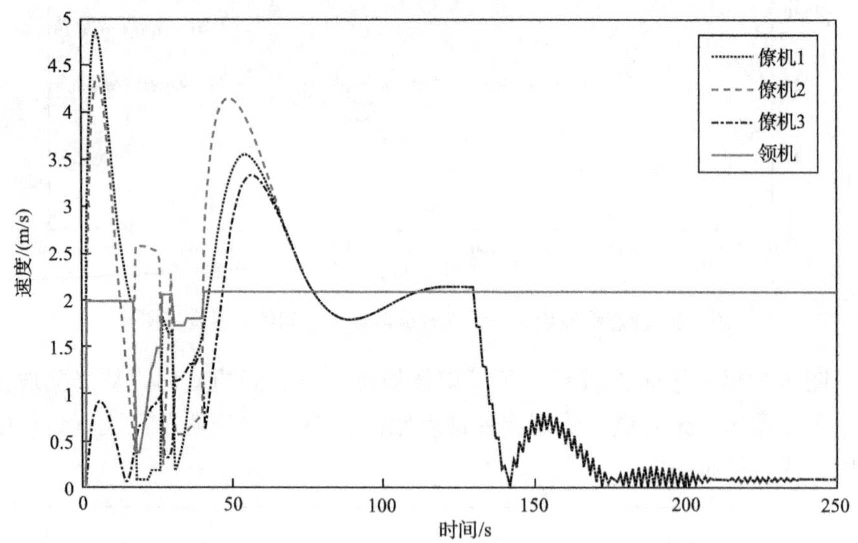

图 6.8　静态障碍物场景中的无人机速度变化图

6.3.2　动态障碍物场景

这个实验由两组无人机编队组成。每组无人机编队由四架无人机组成，其中一架无人机是领机，目标位置、初始位置和初始速度是预先设定的。僚机的初始位置和初始速度也是预先设定的。两组无人机编队包含的八架无人机的初始状态如表 6.2 所示。

图 6.9 记录了八架无人机的实际运动轨迹。当两组无人机集群相遇时，每架无人机采取机动措施以避免碰撞。与静态障碍物场景类似，无人机集群在初始形成过程中根据共识算法形成了一个编队，当遇到另一组无人机集群时，每架无人机根据改进的人工势场法执行防撞操作。在通过另一组

无人机集群后，无人机群重新形成编队。在领机到达目标位置后，僚机放慢速度并逐渐稳定于编队对应位置。

表 6.2　动态障碍物场景无人机初始位置

无人机集群	无人机序号	初始位置/m	初始速度/(m/s)
编队 1	僚机 1	(0, 0)	(5, 0)
	僚机 2	(10, 25)	(0, 3)
	僚机 3	(0, 50)	(2, 2)
	领机	(20, 20)	(1, 1)
编队 2	僚机 1	(190, 180)	(–5, –5)
	僚机 2	(210, 155)	(–3, –3)
	僚机 3	(180, 200)	(–2, –2)
	领机	(170, 170)	(–1, –1)

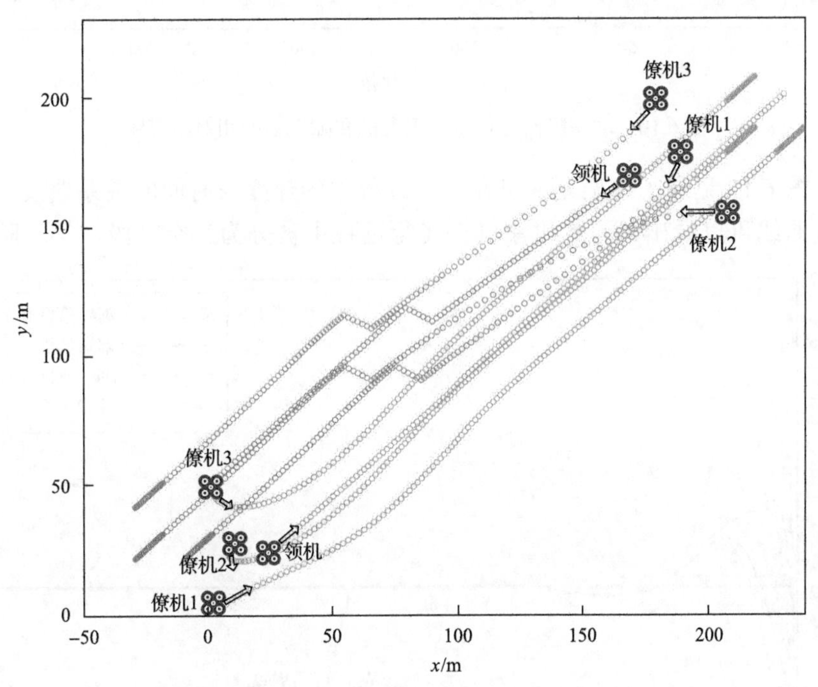

图 6.9　动态障碍物场景中的无人机编队飞行防撞图

图 6.10 显示了一组无人机集群相对于另一组无人机集群随时间的相对位置变化。从放大的局部视图可以看出，两组无人机集群之间的最近距离

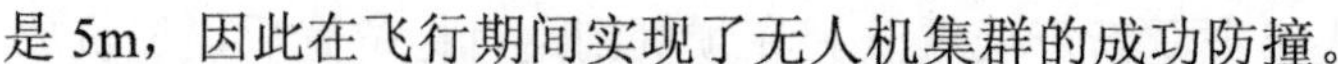
是 5m，因此在飞行期间实现了无人机集群的成功防撞。

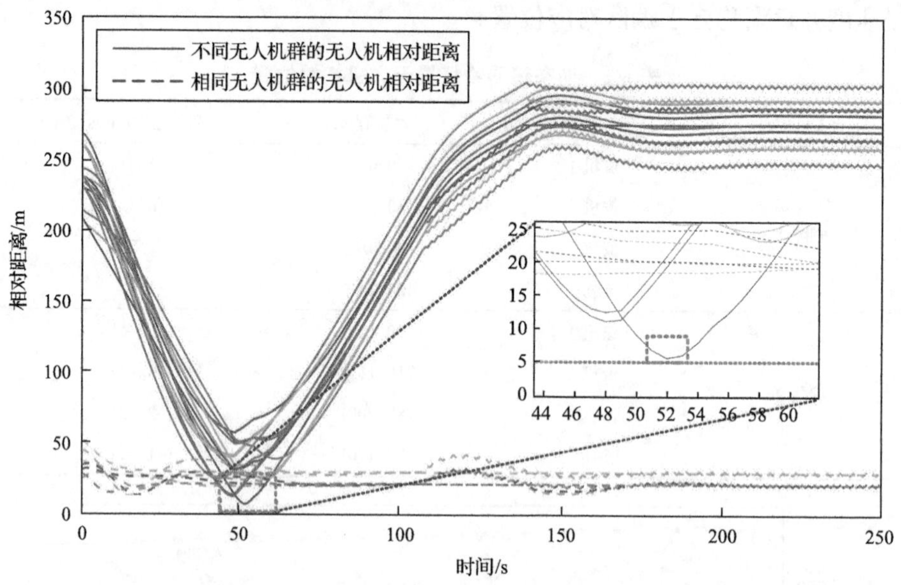

图 6.10　动态障碍物场景中无人机和障碍物的相对距离图

图 6.11 记录了每架无人机在飞行过程中的速度与时间的关系曲线。从速度曲线可以看出，无人机集群在飞行过程中被分为三个阶段。第一阶段

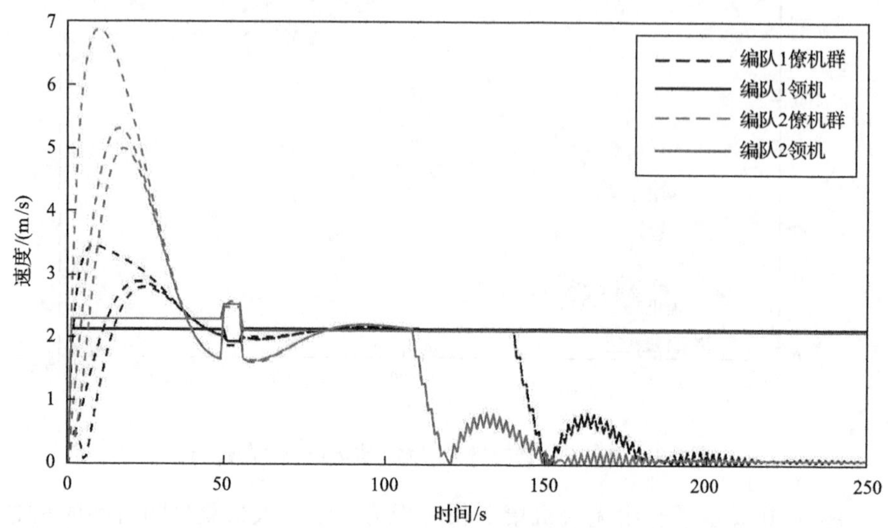

图 6.11　动态障碍物场景中的无人机速度变化图

是无人机集群逐渐从不规则的初始状态逐渐形成稳定编队，僚机首先加速然后减速以实现该过程。第二阶段是每架无人机在遇到冲突时根据人工势场产生的轨迹进行防撞。第三阶段是在成功防撞之后，无人机集群具有加速过程并且减速到稳定的速度以形成稳定编队。在最终到达目标点之后，无人机逐渐减速到接近 0 的速度，表明无人机正在盘旋。

6.4 本章小结

本章研究了在编队飞行条件下的无人机集群防撞方法。无人机集群需要形成编队并在安全时飞向目标点，并且在遇到障碍物时可以有效地避开障碍物。本章分别模拟了静态障碍物场景和动态障碍物场景的防撞效果，并对仿真结果进行了分析。

研究结论如下：①研究了基于二阶共识算法的无人机集群编队保持方法，该方法可以控制编队中的每架无人机，对一个无人机集群稳定编队的形成具有重要作用；②研究了改进的人工势场法在无人机防撞问题中的应用，采用平滑策略使防撞飞行轨迹平滑，该方法适合实际工程应用；③研究了无人机集群之间的防撞问题，无人机集群在避免碰撞的同时完成了编队，并在防撞操作后迅速形成了稳定的编队。

第 7 章　无人机自组织飞行防撞方法

无人机自组织飞行一直是研究的热点。在空域密度增加和飞行条件日益复杂的情况下，无人机集群之间的防撞问题非常重要，然而关于无人机集群防撞的研究很少。本章解决了无人机飞行中一个非常重要的问题：如何在自组织飞行情况下确保不同无人机与无人机群之间的防撞问题。本章采用 Reynolds 规则对无人机进行自组织飞行设计，采用参数优化框架优化无人机的自组织飞行参数，创新性地解决了无人机集群的防撞问题，并提出了解决方案，即一种无人机自组织飞行防撞方法，成功实现了无人机的自组织飞行条件下的防撞。为了证明该方法是有效的，进行了一系列的仿真实验，结果证实了所提方法的有效性，成功实现了无人机组的自组织飞行及防撞。

7.1　传统 Reynolds 模型

用 $U=\langle P,V,A\rangle$ 表示无人机集群系统。$P=(p_1,p_2,\cdots,p_i,\cdots,p_N)$，$p_i\in\mathbf{R}^n$ 被定义为位置向量，$V=(v_1,v_2,\cdots,v_i,\cdots,v_N)$ 被定义为 UAVi 的速度矢量，$A=(a_1,a_2,\cdots,a_i,\cdots,a_N)$，$a_i\in\mathbf{R}^n$ 表示加速度矢量。无人机的运动方程如下：

$$\begin{cases}\dot{p}_i=v_i\\ \dot{v}_i=a_i\end{cases}\tag{7.1}$$

从式(7.1)可以看出，无人机集群运动控制可以取决于加速度控制。无人机的速度和加速度将受以下公式的约束：

$$v_i=\begin{cases}v_i, & \|v_i\|\leqslant v_{\max}\\ v_{\max}\cdot\dfrac{v_i}{\|v_i\|}, & \|v_i\|>v_{\max}\end{cases},\quad a_i=\begin{cases}a_i, & \|a_i\|\leqslant a_{\max}\\ a_{\max}\cdot\dfrac{a_i}{\|a_i\|}, & \|a_i\|>a_{\max}\end{cases}\tag{7.2}$$

在式(7.2)中，$v_{\max}$ 是有限的最大速度值并且 $a_{\max}$ 是有限的最大加速度值。在无人机的实际飞行中，由于无人机的飞行性能限制，需要限制飞行角度的变化。

无人机速度的变化量可以通过式(7.3)计算：

$$\Delta v_i(t) = v_i(t) - v_i(t-1), \quad \|\Delta v_i\| < v_{\text{change}} \tag{7.3}$$

式中，速度的最大变化是 v_{change}；$v_i(t)$ 是 UAVi 在时间 t 的速度矢量。

无人机的角度变化量也有限，无人机角度的最大变化为 $\theta_{\max}$：

$$\frac{v_i(t) \cdot v_i(t-1)}{\|v_i(t)\| \cdot \|v_i(t-1)\|} > \theta_{\max} \tag{7.4}$$

1987 年，Reynolds 首次引入了分布式行为模型，该模型抽象出了群体飞行现象。建模的思想是定义三个简单的规则，模拟一群鸟类中单个个体的飞行决策和状态更新。基于 Reynolds 规则提出的鸟类飞行规则的集群算法可归纳如下。

R1-对齐：尝试将它们的速度与附近群体的平均速度对齐。

R2-内聚：尝试匹配附近集群同伴的平均位置。

R3-排斥：尽量避免与附近的个体发生碰撞。

然而，Reynolds 规则只是模拟了鸟群行为。要应用于真实的无人机系统，需要进一步优化模型细节。

7.2　具有碰撞避免功能的优化模型

本章使用的自组织飞行模型基于 Reynolds 规则，优化模型主要参考了文献[83]中所提的模型。如图 7.1 所示，无人机的自组织飞行防撞方法基于 Reynolds 规则，通过计算不同力的合力来更新下一状态。所有不同的无人机集群都不受地面控制站控制，仅依靠其他无人机发送的信息进行分析和决策。

7.2.1　优化的集群模型

1. 排斥力

为了使无人机彼此分离，每架无人机都将获得一个防撞力，这个力称为排斥力，定义如下：

$$f_{\text{sep}} = \frac{1}{n}\sum_{i=1}^{n} f_{s,i} = \frac{1}{n}\sum_{i=1}^{n} k \cdot \psi_i \frac{p_s - p_i}{\|p_s - p_i\|} \tag{7.5}$$

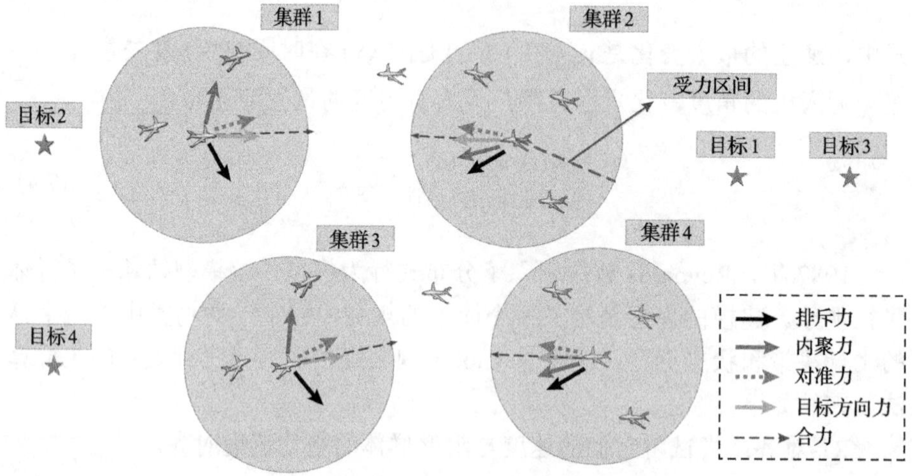

图 7.1　基于 Reynolds 规则的无人机自组织飞行防撞概念图

ψ_i 定义为

$$\psi_i = \begin{cases} \dfrac{1}{\sqrt{\|p_s - p_i\|}} - \dfrac{1}{\sqrt{d_{\text{sep}}}}, & \|p_s - p_i\| \leqslant d_{\text{sep}} \\ 0, & \|p_s - p_i\| > d_{\text{sep}} \end{cases} \tag{7.6}$$

其中，ψ_i 是成对排斥的非线性增益；$\|p_s - p_i\|$ 是 UAVs 和 UAVi 之间的距离；d_{sep} 是最大相互作用范围，小于此范围的无人机开始相互排斥；k 是影响排斥力大小的系数。

2. 速度对齐

无人机集群需要将个体的速度逐渐调节到集群的平均速度 f_{ali}，如下所示：

$$f_{\text{ali}} = \frac{1}{n}\sum_{i=1}^{n} f_{a,i} = \frac{1}{n}\sum_{i=1}^{n} v_{a,i} \tag{7.7}$$

由于集群算法具备在速度差异较大情况下制动的能力，所以将制动曲线称为速度衰减函数，用 $D(\cdot)$ 表示，并应用于集群算法中。其主要思想是衰减函数在无人机处于高速时提供恒定的加速度，而在低速时提供指数的加速度：

$$D(r,a,p)=\begin{cases}0, & r\leqslant 0\\ rp, & o<r<a/p\\ \sqrt{2ar-a^2/p^2}, & 其他\end{cases} \tag{7.8}$$

其中，r 为无人机与所需停止点之间的距离，a 为“预期加速度”，p 是指在一定距离差异处允许的最大速度差。

为了构造速度对准模型，可以建立相对距离容忍的速度差公式：

$$v_{ij}^{\text{tor max}}=\max(v^{\text{tor}},D(p_{ij}-p_0^{\text{tor}},a^{\text{tor}},k^{\text{tor}})) \tag{7.9}$$

因此，针对此计算的速度对齐项是

$$v_{ij}^{\text{tor}}=\begin{cases}Q^{\text{tor}}(v_{ij}-v_{ij}^{\text{tor max}})\cdot\dfrac{v_i-v_j}{\left\|v_i-v_j\right\|}, & v_{ij}>v_{ij}^{\text{tor max}}\\ 0, & 其他\end{cases} \tag{7.10}$$

3. 内聚力

无人机集群需要尽可能靠近附近无人机的中心，因此内聚力由式(7.11)给出：

$$f_{\text{cen}}=\frac{1}{n}\sum_{i=1}^{n}f_{c,i}=\frac{1}{n}\sum_{i=1}^{n}(p_i-p_c) \tag{7.11}$$

其中，p_c 为无人机中心的位置。

4. 飞行至目标位置

为了到达理想的位置，无人机集群应该知道飞行的大致方向。将总体方向定义为

$$f_{\text{tar}}=p_{\text{des}}-p_i \tag{7.12}$$

其中，p_{des}为目标点的位置；f_{tar}为总体方向上的受力。

5. 合力的最终方程

合力的最终方程是

$$v_i(t) = f_{\text{steer}} + v_i(t-1) \tag{7.13}$$

$$p_i(t) = p_i(t-1) + v_i(t) \tag{7.14}$$

$$f_{\text{steer}} = w_1 \cdot f_{\text{sep}} + w_2 \cdot f_{\text{ali}} + w_3 \cdot f_{\text{cen}} + w_4 \cdot f_{\text{tar}} - v_i(t-1) \tag{7.15}$$

7.2.2 集群优化方法

集群优化方法最重要的一点是设计合适的飞行效果评估函数，本节设计一个统计量来测量无人机集群自组织飞行过程中的防撞效果，并优化统计量来求解最优参数。设T为整个仿真持续时间，时刻t时UAVi和UAVj之间的距离为$d_{ij}(t)$，将无人机周围的危险区域表示为d_{col}，碰撞风险定义如下：

$$\xi_{\text{col}} = \frac{1}{T} \cdot \frac{1}{N(N-1)} \sum_{t=1}^{T} \sum_{i=1}^{N} \sum_{i \neq j} \Theta(d_{ij}(t) - d_{\text{col}}) \tag{7.16}$$

其中，$\Theta(\cdot)$为赫维赛德(Heaviside)阶梯函数。

自组织飞行的下一个关键要素应该是速度对齐运动。无人机集群速度对齐性可以通过以下方式测量：

$$\xi_{\text{cor}} = \frac{1}{T} \cdot \frac{1}{N(N-1)} \sum_{t=1}^{T} \sum_{i=1}^{N} \sum_{i \neq j} \frac{v_i(t) \cdot v_j(t)}{|v_i(t)| \cdot |v_j(t)|} \tag{7.17}$$

最后，需要无人机集群以指定的速度移动，指定速度为v_{flock}。速度测量的表达式采用以下形式：

$$\xi_{\text{vel}} = \frac{1}{T} \cdot \frac{1}{N} \left| \sum_{t=1}^{T} \sum_{i=1}^{N} (v_i(t) - v_{\text{flock}}) \right| \tag{7.18}$$

可以使用三种传递函数来定义全局函数。第一种类型是单调递增函数，可以表示为

$$F_1(\xi,\xi_0,d)=1-S(\xi,\xi_0,d) \tag{7.19}$$

其中，$S(\xi,\xi_0,d)$ 是 sigmoid 函数，

$$S(\xi,\xi_0,d)=\begin{cases}1, & x\leqslant x_0-d\\ \dfrac{1}{2}\left[1-\cos\left(\dfrac{\pi}{d}(x-x_0)\right)\right], & x_0-d<x<x_0\\ 0, & \text{其他}\end{cases} \tag{7.20}$$

第二个传递函数是单调递减函数：

$$F_2(\xi,u)=\exp\left(-\frac{\xi^2}{u^2}\right) \tag{7.21}$$

最后一个是尖峰传递函数：

$$F_3(\xi,z)=\frac{z^2}{(\xi-z)^2} \tag{7.22}$$

由此建一个单一的客观适应度函数，包括所有相关的安全集群行为：

$$F=F_{\text{cor}}\cdot F_{\text{col}}\cdot F_{\text{speed}} \tag{7.23}$$

其中，

$$\begin{cases}F_{\text{cor}}=\Theta(\xi_{\text{cor}})\cdot\xi_{\text{cor}}\\ F_{\text{col}}=F_3(\xi_{\text{col}},a_{\text{up}})\\ F_{\text{speed}}=F_1(\xi_{\text{vel}},v_{\text{flock}},v_{\text{up}})\end{cases} \tag{7.24}$$

其中，a_{up} 为最大加速度；v_{up} 为最大速度。

7.2.3　无人机集群之间的防撞

当不同的无人机集群聚集在一起时，无人机之间的撞击概率将显著增加。之前定义的排斥力不再有效，因为排斥力的方向几乎与速度方向相反。因此，有必要提出新的规则来实现不同无人机集群之间的防撞目标。

面对其他无人机集群，负责防撞的力应该尽可能不与其他力重叠，否则用于防撞的力将被覆盖。为了满足这一要求，本节选择了基于几何的方

法，即计算两个相对的飞行无人机的三维最接近位置，然后根据无人机的速度和位置信息获得相应的施加力。力的大小与先前的排斥力相同，不同之处在于力的方向。

如图 7.2 所示，计算新的排斥力的关键步骤是计算到达 CPA 的时间。

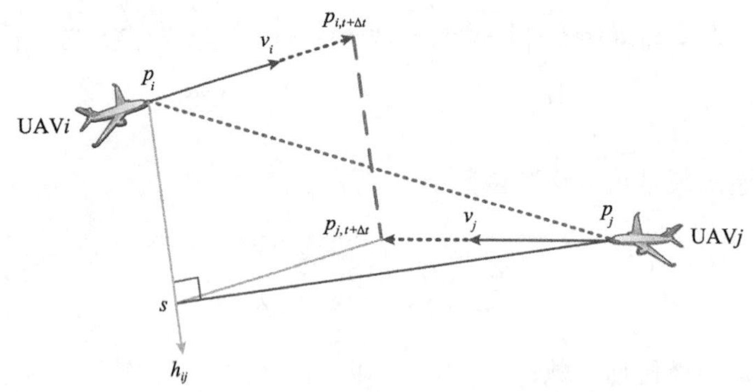

图 7.2　相向飞行的无人机之间的几何关系图

第一步是计算 UAVi 和 UAVj 之间的 CPA。UAVi 和 UAVj 之间的距离是

$$d_{\mathrm{CPA},ij} = \frac{\left|h_{ij} \cdot p_{ij}\right|}{\left|h_{ij}\right|} \tag{7.25}$$

$$h_{ij} = v_i \times v_j \tag{7.26}$$

$$p_{ij} = p_j - p_i \tag{7.27}$$

在上面的等式中，$p_i = (x_i, y_i, z_i)$ 和 $p_j = (x_j, y_j, z_j)$ 分别是 UAVi 和 UAVj 的位置，$v_i = (v_{i,x}, v_{i,y}, v_{i,z})$ 和 $v_j = (v_{j,x}, v_{j,y}, v_{j,z})$ 是 UAVi 和 UAVj 对应的速度。

然后需要计算达到 CPA 的时间，定义为 Δt。公式 $p_{ij,t+\Delta t} \cdot v_{ij} = 0$ 表明无人机到达 CPA。假设无人机在时刻 $t + \Delta t$ 的位置是

$$p_{i,t+\Delta t} = (x_i + v_{i,x} \cdot \Delta t, y_i + v_{i,y} \cdot \Delta t, z_i + v_{i,z} \cdot \Delta t) \tag{7.28}$$

$$p_{j,t+\Delta t} = (x_j + v_{j,x} \cdot \Delta t, y_j + v_{j,y} \cdot \Delta t, z_j + v_{j,z} \cdot \Delta t) \tag{7.29}$$

当前时刻为 t，可以自然地获得时刻 $t + \Delta t$ 时无人机的相对位置矢量：

$$p_{ij,t+\Delta t}=(x_j-x_i+(v_{j,x}-v_{i,x})\cdot\Delta t,\ y_j-y_i+(v_{j,y}-v_{i,y})\cdot\Delta t,\\ z_j-z_i+(v_{j,z}-v_{i,z})\cdot\Delta t) \tag{7.30}$$

因此可以计算时间间隔 Δt：

$$\Delta t=\left|\frac{(x_j-x_i)(v_{j,x}-v_{i,x})+(y_j-y_i)(v_{j,y}-v_{i,y})+(z_j-z_i)(v_{j,z}-v_{i,z})}{(v_{i,x}-v_{j,x})^2+(v_{i,y}-v_{j,y})^2+(v_{i,z}-v_{j,z})^2}\right| \tag{7.31}$$

基于以上获得的信息，本书提出一种计算防撞力的公式。UAVi 的防撞力如下：

$$f_i=\begin{cases} C\cdot\dfrac{h_{ij}}{|v_i|\cdot|v_j|}\cdot\dfrac{d_{\mathrm{CPA},ij}}{|p_{ij}|}, & h_{ij}\cdot p_{ij}<0 \\ C\cdot\dfrac{h_{ij}}{|v_i|\cdot|v_j|}\cdot\dfrac{d_{\mathrm{CPA},ij}}{|p_{ij}|}, & h_{ij}\cdot p_{ij}\geqslant 0 \end{cases} \tag{7.32}$$

同样，UAVj 的防撞力是

$$f_j=\begin{cases} C\cdot\dfrac{h_{ji}}{|v_i|\cdot|v_j|}\cdot\dfrac{d_{\mathrm{CPA},ij}}{|p_{ij}|}, & h_{ji}\cdot p_{ji}<0 \\ C\cdot\dfrac{h_{ji}}{|v_i|\cdot|v_j|}\cdot\dfrac{d_{\mathrm{CPA},ij}}{|p_{ij}|}, & h_{ji}\cdot p_{ji}\geqslant 0 \end{cases} \tag{7.33}$$

该方法的核心思想是，当达到 CPA 时力的方向垂直于无人机的相对位置矢量。这使得无人机抵达 CPA 时的相对距离超过安全距离。

无人机集群自组织飞行防撞方法的核心步骤是区分不同无人机集群的无人机排斥力。

7.3 仿 真 实 验

采用 MATLAB 来验证四种不同的仿真场景。假设每组无人机集群以 5m/s 的速度沿着直线朝向自己的目标位置飞行。根据定义，最小间隔距离 d_0 为 15m，离散点的间隔时间 t_0 设置为 0.1s，相应的权重系数 w_1、w_2、w_3、w_4

被计算为 0.427、0.225、0.452、0.548。俯仰角 A 的最大变化范围是 0.74rad，而最小值 B 是–0.74rad。假设每架无人机可以从其他无人机接收信息，并且可以忽略仿真计算时间。仿真在笔记本电脑上进行，处理器为 Intel i5 2.6GHz，内存为 4GB。

7.3.1　无人机集群相向飞行场景

假设有两组无人机集群互相朝着相反的方向飞行，并且在某个时刻会发生撞击。每组无人机集群包含三架无人机，每组无人机集群都是自组织飞行以形成自己的集群到其目标位置。表 7.1 记录了无人机的初始状态和目标状态。

表 7.1　无人机集群相向飞行场景中无人机的初始状态和目标状态

无人机序号	UAV1	UAV2	UAV3	UAV4	UAV5	UAV6
无人机初始位置/m	(200, –17.3, 10)	(204, –17.3, –10)	(205, 0, 0)	(600, –17.3, 14)	(603, –17.3, 6)	(601, 0, 4)
无人机初始速度/(m/s)	(5, 0, 0)	(5, 0, 0)	(5, 0, 0)	(–5, 0, 0)	(–5, 0, 0)	(–5, 0, 0)
无人机初始航向角/rad	(0, 0, 0)	(0, 0, 0)	(0, 0, 0)	(π, 0, 0)	(π, 0, 0)	(π, 0, 0)
无人机终点位置/m	(1000, –8.7, 0)	(1000, –8.7, 0)	(1000, –8.7, 0)	(–200, –8.7, 0)	(–200, –8.7, 0)	(–200, –8.7, 0)

如图 7.3(a)所示，每架无人机的轨迹以三维曲线的形式显示。从图中可以看出，两组无人机集群的轨迹在防撞期间具有连续的方向变化。两组无人机集群中的无人机以自组织的方式从预定的起始位置飞到目标位置。在整个防撞过程中，两组无人机集群在碰撞区域自适应地产生防撞操作，无人机在该空间中的位置分布是均匀的，并且轨迹满足实际的飞行需求。图 7.3(b)显示了每对无人机之间的相对距离。两架无人机之间的最小距离为 15.03m，大于安全距离。

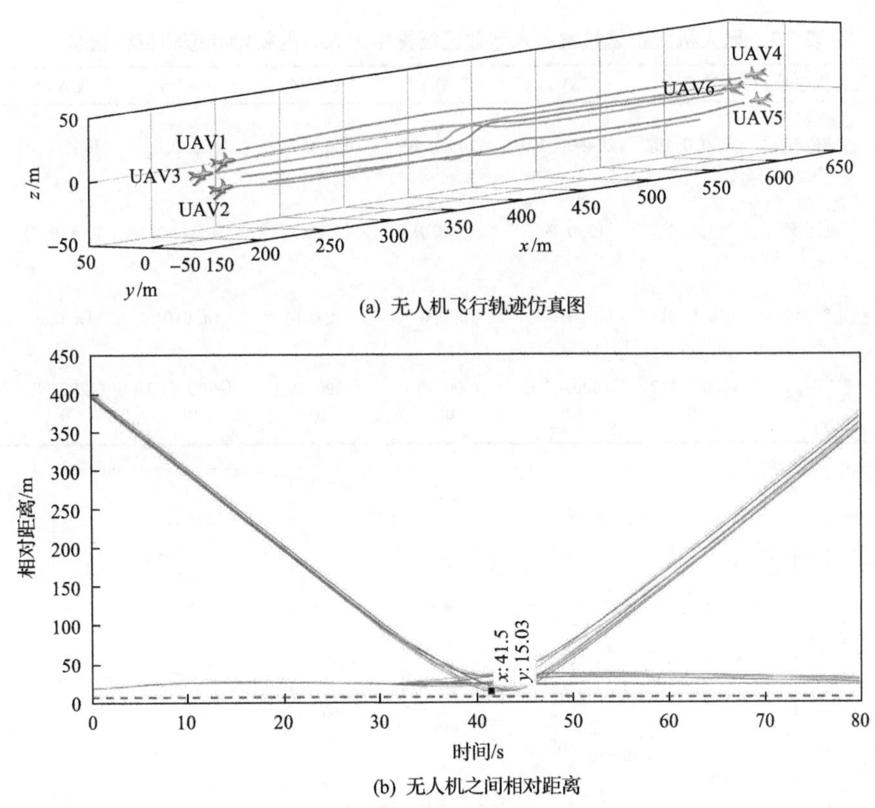

(a) 无人机飞行轨迹仿真图

(b) 无人机之间相对距离

图 7.3　无人机集群相向飞行场景模拟结果

7.3.2　无人机集群易触发多米诺效应场景

为了检测在空域具有高交通密度的特殊场景中是否可以完成防撞操作，并且为了验证无人机在垂直方向非常接近的场景下防撞算法的表现，设计了该仿真场景。从图 7.4 中可以看出，有两组无人机在相反的方向飞行，并且在某个时刻会发生碰撞。与前一场景不同的是，无人机组中的无人机编队沿垂直方向排列。当无人机集群相遇时，此场景将导致多米诺效应。表 7.2 记录了无人机集群的初始状态和目标状态。

每架无人机的轨迹以图 7.4(a) 中三维曲线的形式显示。在该仿真场景中，无人机主要采用水平避让策略实现防撞，因为垂直避碰可能导致多米诺效应。这种情况可以很好地验证自组织飞行的无人机集群在垂直极端密度

表 7.2　无人机集群易触发多米诺效应场景中无人机的初始状态和目标状态

无人机序号	UAV1	UAV2	UAV3	UAV4	UAV5	UAV6
无人机初始位置/m	(200, 0, 10)	(204, 0, –10)	(205, 0, 0)	(600, 0, 14)	(603, 0, 6)	(601, 0, 4)
无人机初始速度/(m/s)	(5, 0, 0)	(5, 0, 0)	(5, 0, 0)	(–5, 0, 0)	(–5, 0, 0)	(–5, 0, 0)
无人机初始航向角/rad	(0, 0, 0)	(0, 0, 0)	(0, 0, 0)	(π, 0, 0)	(π, 0, 0)	(π, 0, 0)
无人机终点位置/m	(1000, –8.7, 0)	(1000, –8.7, 0)	(1000, –8.7, 0)	(–200, –8.7, 0)	(–200, –8.7, 0)	(–200, –8.7, 0)

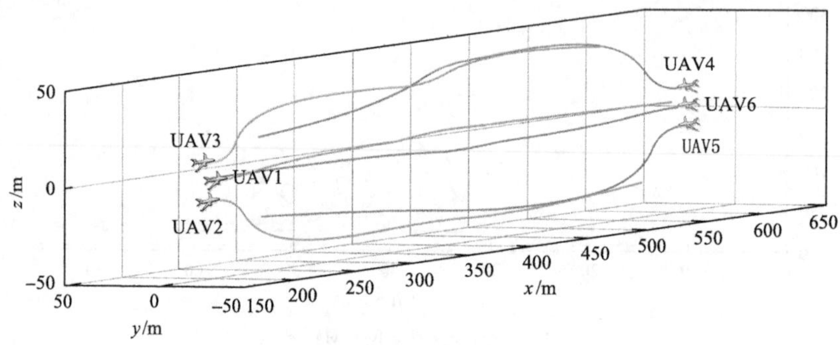

(a) 无人机飞行轨迹仿真图

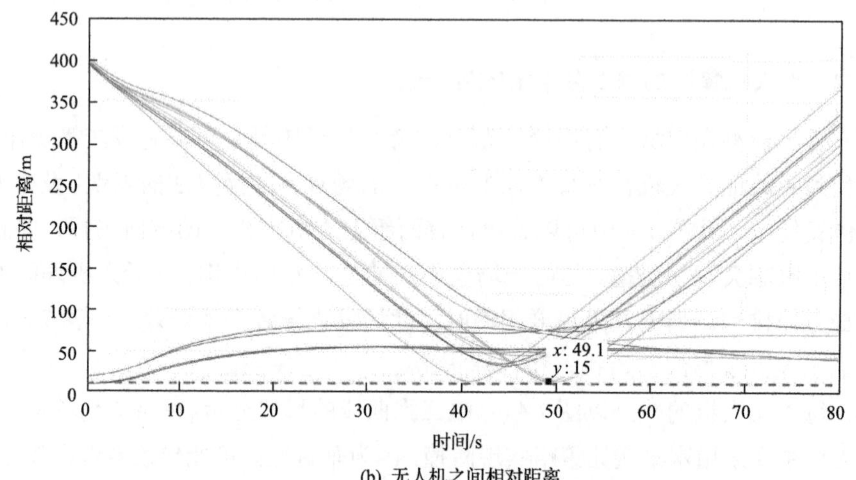

(b) 无人机之间相对距离

图 7.4　无人机集群易触发多米诺效应场景模拟结果

场景中的防撞效果。图 7.4(b)显示了每对无人机之间的相对距离。两架无人机之间的最小距离为 15m，大于安全距离。

7.3.3　无人机集群垂直方向聚集场景

为了测试从各个方向飞越相同空域的无人机集群的防撞效果，设计了该场景。从图 7.5 中可以看出，有两组无人机集群从垂直的方向相向飞行，并且在某个时刻会发生撞击。当无人机集群从两个不同方向汇聚时，该场景可以验证本章方法仍然具有良好的防撞效果。从仿真结果来看，虽然空域密度很大，但无人机集群的防撞效果非常好，飞行路径没有太大的波动，这与实际飞行需求一致。表 7.3 记录了无人机的初始状态和目标状态。

如图 7.5(a)所示，每架无人机的轨迹以三维曲线的形式显示。从中可以看出，两组无人机集群的轨迹在防撞期间具有连续的方向变化。两组无人

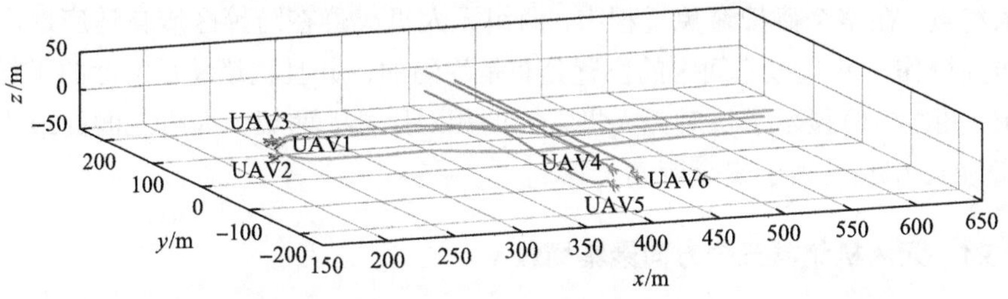

(a) 无人机飞行轨迹仿真图

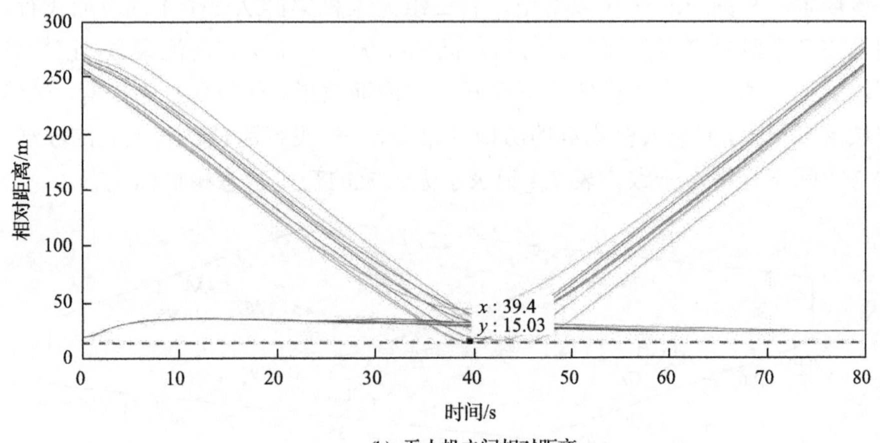

(b) 无人机之间相对距离

图 7.5　无人机集群垂直方向聚集场景模拟结果

表 7.3　无人机集群垂直方向聚集场景中无人机的初始状态和目标状态

无人机序号	UAV1	UAV2	UAV3	UAV4	UAV5	UAV6
无人机初始位置/m	(200, −17.3, 10)	(204, −17.3, −10)	(205, 0, 0)	(382.7, −200, 11)	(382.7, −202, −9)	(400, −205, 1)
无人机初始速度/(m/s)	(5, 0, 0)	(5, 0, 0)	(5, 0, 0)	(0, 5, 0)	(0, 5, 0)	(0, 5, 0)
无人机初始航向角/rad	(0, 0, 0)	(0, 0, 0)	(0, 0, 0)	(π/2, 0, 0)	(π/2, 0, 0)	(π/2, 0, 0)
无人机终点位置/m	(1000, −8.7, 0)	(1000, −8.7, 0)	(1000, −8.7, 0)	(400, 591.3, 0)	(400, 591.3, 0)	(400, 591.3, 0)

机集群中的无人机以自组织的方式从预定的起始位置飞到每组无人机集群的终点。在整个碰撞避免过程中，两组无人机集群在防撞区域自适应地产生防撞操作，并且该空间中的位置分布是均匀的，并且轨迹满足实际的飞行需求。图 7.5(b)显示了每对无人机之间的相对距离。两架无人机之间的最小距离为 15.03m，大于安全距离。

7.3.4　无人机集群三个方向聚集场景

为了测试从各个方向飞越相同空域的几组无人机集群的防撞效果，设计了该场景。从图 7.6 中可以看出，有三组无人机集群从三个不同方向飞行，并且在某个时刻会发生碰撞。当无人机集群从三个不同方向汇聚时，该场景可以验证本章所提方法仍然具有良好的防碰撞效果。从仿真结果来看，虽然空域密度很大，但无人机集群的防撞效果非常好，飞行路径没有太大的波动，这与实际飞行需求一致。表 7.4 记录了无人机的初始状态和目标状态。

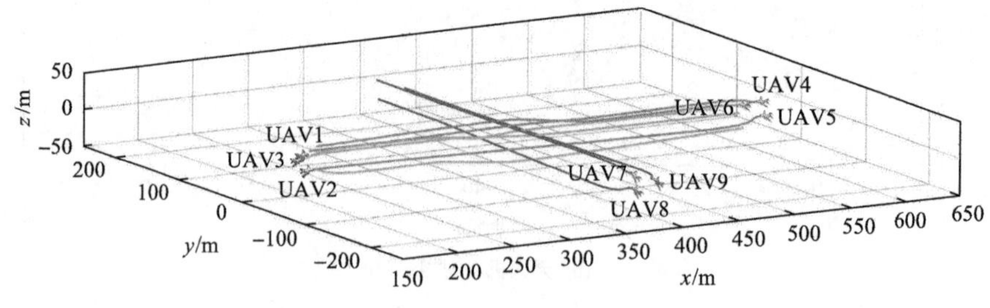

(a) 无人机飞行轨迹仿真图

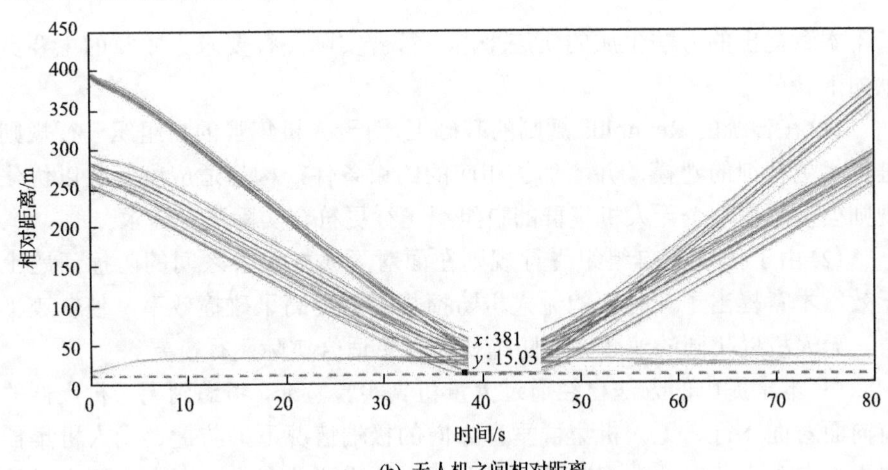

(b) 无人机之间相对距离

图 7.6　无人机集群三个方向聚集场景模拟结果

表 7.4　无人机集群三个方向聚集场景中无人机的初始状态和目标状态

无人机序号	UAV1	UAV2	UAV3	UAV4	UAV5	UAV6	UAV7	UAV8	UAV9
无人机初始位置/m	(200, –17.3, 10)	(204, –17.3, –10)	(205, 0, 0)	(600, –17.3, 14)	(603, –17.3, 6)	(601, 0, 4)	(382.7, –200, 11)	(382.7, –202, –9)	(400, –205, 1)
无人机初始速度/(m/s)	(5, 0, 0)	(5, 0, 0)	(5, 0, 0)	(–5, 0, 0)	(–5, 0, 0)	(–5, 0, 0)	(0, 5, 0)	(0, 5, 0)	(0, 5, 0)
无人机初始航向角/rad	(0, 0, 0)	(0, 0, 0)	(0, 0, 0)	(π, 0, 0)	(π, 0, 0)	(π, 0, 0)	(π/2, 0, 0)	(π/2, 0, 0)	(π/2, 0, 0)
无人机终点位置/m	(1000, –8.7, 0)	(1000, –8.7, 0)	(1000, –8.7, 0)	(–200, –8.7, 0)	(–200, –8.7, 0)	(–200, –8.7, 0)	(400, 591.3, 0)	(400, 591.3, 0)	(400, 591.3, 0)

如图 7.6(a)所示，每架无人机的轨迹以三维曲线的形式显示。图 7.6(b)显示了每对无人机之间的相对距离。两架无人机之间的最小距离为 15.03m，大于安全距离。

7.4 本章小结

本书基于 Reynolds 规则对无人机集群的自组织飞行进行了优化，提出了一种新的适应度函数和自组织飞行无人机集群防撞方法。仿真结果表明，基于本章提出的方法生成的轨迹平滑，符合实际飞行要求。本章的主要贡献如下。

(1)在传统的 Reynolds 规则的基础上，对无人机集群的自组织飞行规则进行了更精细的建模，并增加了相应的约束条件，构造适应度函数以优化规则模型，使整个无人机集群的自组织飞行更符合实际飞行需求。

(2)由于传统的自组织飞行规则在面对无人机集群之间的防撞问题上无效，本章提出了一种新的无人机防撞规则，提高了碰撞效率，使轨迹平滑。无人机以相同的速度完成防撞操作，更适合实际飞行需要。

(3)本章提出的方法已经通过大量仿真实验验证，考虑到无人机集群的前向面对面飞行、无人机集群垂直方向的极端情况下的防撞、无人机集群水平方向垂直角度的汇聚防撞，以及无人机集群从三个不同方向聚集时的防撞。

未来的研究中，在规则模型的优化中将考虑通信延迟等因素，并且考虑无人机的速度以使模型更加灵活，并且将在固定翼无人机上进行实际飞行实验以验证所提出的方法。

第 8 章　面向无人机编队的混合式防撞策略

无人机编队以编队形式协同飞行，并被视为一个单元。在无人机编队内，无人机按照一定的几何构型排列。共识算法和“引领者-跟随者”的编队形式同时作用于编队控制来保证编队的收敛性。在编队中，无人机编队的航路由领机确定，僚机在收敛到时变期望位置的同时避免与编队内其他无人机的碰撞。在无人机编队控制中，构建了两层控制结构，分别是高级控制结构和低级控制结构，前者基于图形理论和几何分析，为无人机编队中的个体生成期望位置，后者为单个无人机运动控制器，它为单个无人机生成控制信号，以收敛到期望轨迹。

8.1　集中/分布式混合的编队结构

当前主流的无人机编队控制与防撞都是基于集中式的控制，即存在一个统一的控制中心，这些无人机控制与防撞的研究都是基于一个集中的控制中心[90-93]，该中心可以从全局角度为所有无人机进行规划协同，并得到最优解。但集中式控制结构需要一个控制中心，该控制中心一般为地面控制站，但其具有任务范围限制，同时单点故障或者延迟可能会造成整个系统瘫痪，为了克服这个弊端，开发了基于体系结构的分散式[94]或层次式[95]的控制方法。

分布式控制策略具有很好的灵活性和可扩展性，能够同时处理动态威胁[62]。然而，对于无人机编队，完全采用分布式结构具有明显的缺点，即个体间的通信量过大，当通信带宽有限时，信息极易丢失，并且管理不同个体间的信息传输和接收会显著增加功率功耗。针对此，Liu 等[95]针对不确定环境下多无人机的任务分配机制，通过综合分析集中式和分布式系统的优势，提出了一种基于编队结构的协同任务分配方案，该方案以编队结构作为任务分配算法的基本框架，分为编队间的任务划分、编队内任务分配和编队间的任务协调，虽然 Liu 等[95]也采取了混合编队结构，但其目的主要是用于任务分配，主要进行无人机控制和防撞。本章借鉴其混合结构思想，综合考虑分布式和集中式两种控制结构的优缺点，提出一种集中/分布式混合的编队结构控制策略，该策略结合了两者的优势，并能够有效克服存在的缺点。

假设在给定的局部空域内有多个无人机目标，只允许无人机编队的领机之间以及编队内的僚机与领机间相互通信。所有无人机都是时间同步的。网络中的所有无人机都具有位置感知功能，假设它们通过 GPS 获取自身在网络中的位置。

如图 8.1 所示，结合了编队内部集中式控制和编队之间的分布式控制，每个编队都有一个无人机领机。无人机编队内通过领机进行交流沟通，并且为编队规划最优决策。由于不同的编队由一小群无人机组成，每个编队中的集中式规划模块只需要有限的计算和通信成本，并且通信范围内的无人机领机通过相互协作，消除了各编队间的冲突使整个无人机达到协调。每个编队的飞行路径由各自的领机独立决定。

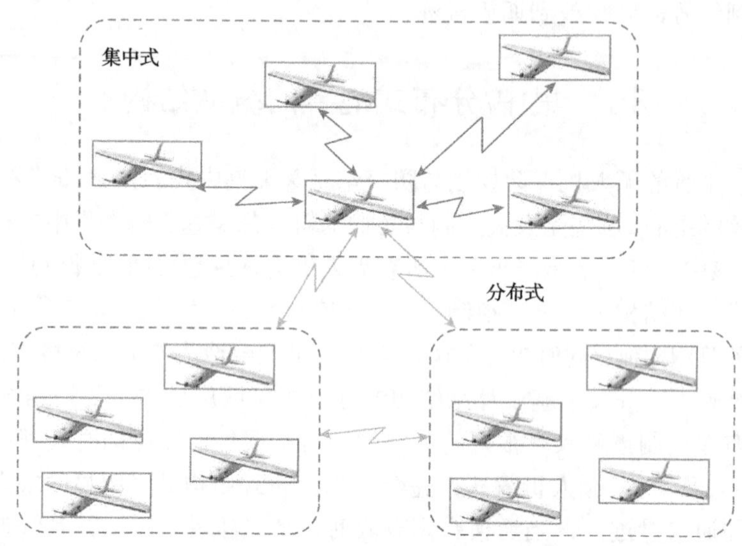

图 8.1　集中/分布式混合的编队结构

8.2　时空混合的编队冲突检测模型

在文献[96]和[97]中，无人机的空间冲突区域是以每架无人机为中心的球体。本章将单架无人机的空间冲突区域扩展为无人机集群的空间冲突区域。具有固定几何构型的无人机集群的空间冲突区域为半径为 SD 的球体，其中球体的球心在领机的质心，并且无人机编队的空间冲突区域需要将所有编队内单架无人机的空间冲突区域囊括在内。如果其他威胁机进入一个编队的空间冲突区域，则它对该编队构成威胁，并被视为入侵者。空间维度上的冲突判断条件为：编队领机与威胁机之间的欧氏距离小于安全阈值距离，如果威胁机也为无人机编队，则判断两个编队领机之间的距离 $p_{i,j}(t)$ 是否小于安全阈值距离。

$$p_{i,j}(t)=\sqrt{(x_i(t)-x_j(t))^2+(y_i(t)-y_j(t))^2+(z_i(t)-z_j(t))^2} \tag{8.1}$$

对于无人机编队，$p_i(t)=\left[x_i(t),y_i(t),z_i(t)\right]^{\mathrm{T}}$ 是编队领机在时刻 t_0 的空间位置。

如图 8.2 所示，单架无人机的隔离区域是以无人机为中心、半径为 r 的球体。半径 r 是无人机翼展和指定间隔距离（DSD）。一个无人机编队的隔离区域需要包括编队内每架无人机的所有隔离区域。考虑到编队几何构型的半径 $\mathrm{FR}\geqslant r+d$，d 是领机和僚机之间要求的相对距离。隔离区域是无人机编队最后一道防线，任何物体都不能进入无人机编队的隔离区域，否则视为碰撞事故。

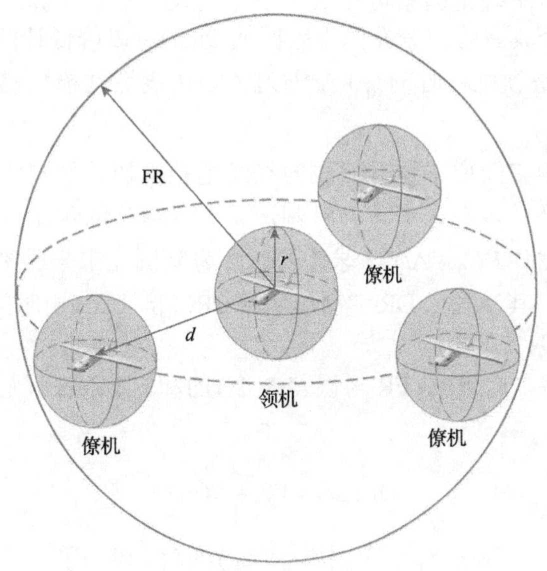

图 8.2　无人机编队的隔离区域

如图 8.3 所示，时间冲突区域基于对无人机编队轨迹的预测，即按照当前状态，无人机编队在未来一段时间内可能出现的位置，即如果有限时间内两个无人机编队的预测轨迹在空间中发生交叉，则它们在时间维度上发生冲突。在进行轨迹预测时，存在以下不确定性因素：①导航不确定性；②轨迹生成的不确定性；③轨迹重建的不确定性；④数据链路传输的不确定性。

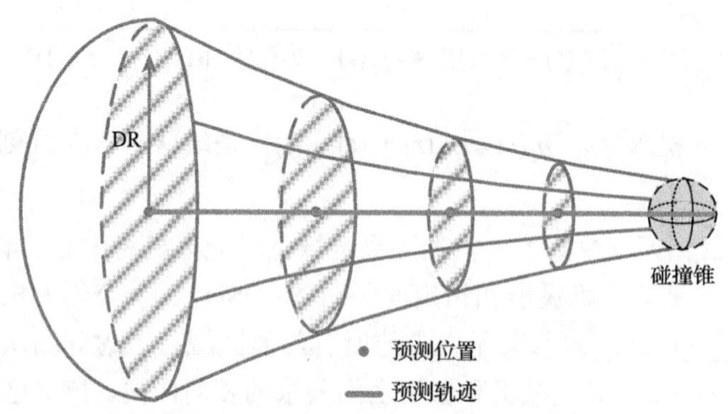

图 8.3　无人机编队的时间冲突区域

考虑到众多不确定因素可能对于实际无人机带来计算上的难度，可将误差简化为一个具有给定分布的误差区间 $R(\Delta t)$，以降低计算复杂度。空间位置 $P(t_0+\Delta t)$ 是领机在时刻 $t_0+\Delta t$ 通过六自由度运动模型进行预测的空间位置。

由多个预测空间位置拟合而成的红线是领机初始预测轨迹。通过不确定建模和误差分析，在未来某一时刻，无人机编队的预测空间位置由一个空间点扩展为球体 $V(t_0+\Delta t)$。球体的球心为领机在未来时刻 $t_0+\Delta t$ 的预测位置 $P(t_0+\Delta t)$，其半径为 DR。锥形区域 $\mathrm{CR}(t_0,t_0+\Delta t)$ 由时间段 $(t_0,t_0+\Delta t)$ 内多个球体构成。

球体的半径 $\mathrm{DR}(\Delta t)$ 是 FR 与误差 $R(\Delta t)$ 的和，FR 表示无人机编队的隔离区域的半径，

$$\mathrm{DR}(\Delta t)=\mathrm{FR}+R(\Delta t) \tag{8.2}$$

$$\mathrm{CR}(t_0,t_0+T)=\{V(t_0+\Delta t)\mid\forall\Delta t\in[0,\ T]\} \tag{8.3}$$

$$V(t_0+\Delta t)=\{Q(t_0+\Delta t)\mid\|Q(t_0+\Delta t)-P(t_0+\Delta t)\|<R(\Delta t)+\mathrm{FR}\} \tag{8.4}$$

$$R(\Delta t)=a(\Delta t)^2+b\Delta t \tag{8.5}$$

当多组无人机编队在空中相遇时，每一组无人机编队将要分配一个关键度 E_i。关键度决定了编队在协调沟通中的优先度。关键度 E_i 与相对距离 RD_{ij}、相对速度 RS_{ij} 和编队中无人机数量 N 有关。

$$E_i=\sum_{j=1}^{n}R_{ij},\quad i\in\{1,2,\cdots,N\} \tag{8.6}$$

$$R_{ij}=N\cdot\frac{\mathrm{RS}_{ij}}{\mathrm{RD}_{ij}} \tag{8.7}$$

$$\mathrm{RD}_{ij}=\sqrt{(x_i-x_j)^2+(y_i-y_j)^2+(z_i-z_j)^2} \tag{8.8}$$

$$\mathrm{RS}_{ij}=\frac{(x_i-x_j)\times(v_{x_i}-v_{x_j})+(y_i-y_j)\times(v_{y_i}-v_{y_j})+(z_i-z_j)\times(v_{z_i}-v_{z_j})}{\sqrt{(x_i-x_j)^2+(y_i-y_j)^2+(z_i-z_j)^2}} \tag{8.9}$$

8.3　编队防撞策略生成模型

在无人机编队飞行过程中，一组编队视作一个整体，领机作为编队的控制中心，控制整个编队的飞行，并且为整个编队规划一条无冲突的轨迹。当一组编队与其他编队发生冲突时，即存在碰撞风险时，领机将为整个编队规划一条防撞路径。在整个防撞操作中，包括以下两个步骤。

第一步，领机从防撞策略集中独立地选择三个候选策略。这个过程不需要与入侵无人机进行交流沟通，而仅仅是基于领机自身对入侵无人机的相对空间位置、相对飞行角度和接近速度的观察与判断。当判断入侵无人机的范畴时，领机对周围空域的所有目标进行衡量，评估其潜在威胁度，然后判断它们是否被平等考虑或者哪些对象应该被排除。当评估相对几何态势时，领机判断威胁机是在编队的前向还是后方，上方还是下方，左侧还是右侧，是追逐构型还是迎面构型。通过此判断，领机从策略集中筛选出合适的策略。与此同时，上一评估阶段的最优策略应继续存在于三个候选策略中以保证延续性。综合考虑无人机的性能、特征，无人机编队策略池中的九个策略包括如下：①向左大滚转；②向左适度滚转；③向左轻微滚转；④向右大滚转；⑤向右适度滚转；⑥向右轻微滚转；⑦以 1g 过载爬升；⑧以–1g 下降；⑨保持当前状态。例如，如果入侵无人机相对编队呈对撞构型并从左侧飞来，那么领机应将向左滚转的三个策略排除掉，然后将剩下的六个策略进行排序来决定两个候选策略，第三个策略应是上一步骤中的最优策略。提前设置策略集可以提高系统的响应速度、降低系统负担、始终提供有效解决方案。

在每个时间间隔，无人机编队的领机会筛选出三个候选防撞策略，生成相对应的计划航迹，然后通过数据链将轨迹信息发送到入侵无人机。为了减轻数据传输过载，仅传输时刻 0s、1s、2s、3s、4s 和 5s 的预测位置和误差锥半径。当领机收到入侵无人机的轨迹信息后，通过二次曲线拟合的方法重建入侵对象的圆锥。

第二步，当相互冲突的无人机编队共享了计划航迹后，不同编队的领机进行协调，评估计划航迹的组合并确定最优计划航迹组合。选择最优策略的原则如下：选择鲁棒性值最大的组合，鲁棒性值与计划航迹间的最小距离有关，目标是尽可能晚地激活防撞操作。

如图 8.4 所示，编队 S_1 和编队 S_2 均有三个候选策略集，相对应的计划航迹分别为 (a,b,c) 和 (d,e,f)，航迹组合共有九种 $(a\times e, a\times f, a\times d, b\times e, b\times f, b\times d, c\times e, c\times f, c\times d)$，其中航迹组合 $(a\times d)$ 有最大的鲁棒性。

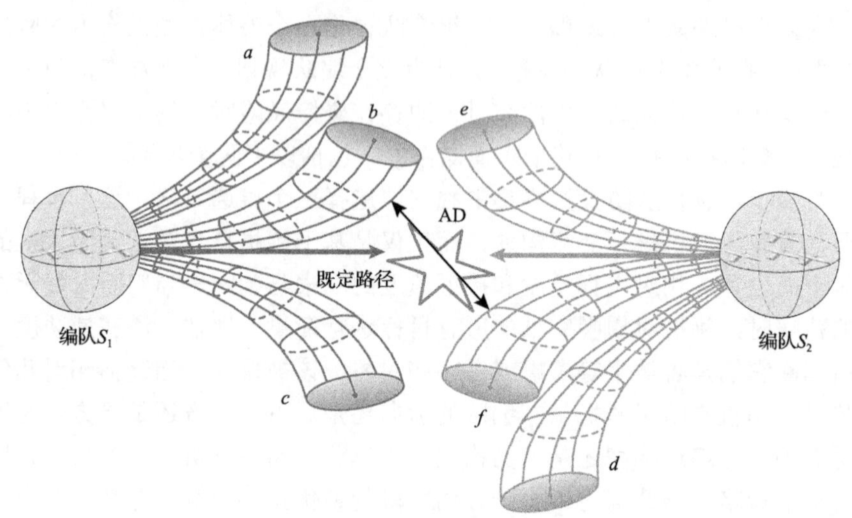

图 8.4　两个无人机编队间的协同示意图

当编队 S_1 采取策略 a、编队 S_2 采取策略 d 时，相对应的预测航迹的预测最小距离（PMD）如下：

$$\mathrm{PMD}\left(S_1(a),S_2(d)\right)=\min\left(\left|V(t+\Delta t)^{S_1(a)}-V(t+\Delta t)^{S_2(d)}\right|,\forall\Delta t\in(0,T)\right) \tag{8.10}$$

鲁棒性值 $\omega\left(S_1(a),S_2(d)\right)$ 如下：

$$\omega\left(S_1(a),S_2(d)\right)=\begin{cases}\mathrm{e}^{\mathrm{PMD}(S_1(a),S_2(d))-\mathrm{SD}}, & \mathrm{PMD}\geqslant\mathrm{SD}\\ -\infty, & \mathrm{PMD}<\mathrm{SD}\end{cases} \tag{8.11}$$

计划航迹间的预测最小距离越大，鲁棒性值就越大。当预测最小距离小于阈值时，可能会引发冲突，因此将鲁棒性值设置为负无穷大，如果有 N 个对象卷入冲突，则存在 3^N 个候选策略组合。对于任何组合：

$$R(i)=\frac{1}{2}\sum_{S_1=1}^{N}\sum_{S_2=1}^{N}\omega(S_1(a(i)),S_2(d(i))),\quad i\in\{1,2,\cdots,3^N\} \tag{8.12}$$

最优策略组合是所有组合中具有最小 R 值的组合。

当多组无人机编队在某一空域相遇时，不同的无人机编队具有不同探测范围，态势感知能力的不同导致分布式控制策略中最常见的问题，即在不完全信息下的协调。为解决此问题，本章提出一种特殊的标志分配方法[50,65]：首先比较每一对相互冲突的编队，具有较高关键度的编队将自己的标志和自己接收到的其他编队的标志传递给关键度较低的编队。这一步骤是反对称和可传递的。即使无法相互探测和建立联系的对象间，也可以通过标志传递机制确定优先级。在无人机编队协调的每一步骤，除自身标志外不含其他标志的编队会首先进行防撞的评估，确定最优策略并将其广播至其他对象。所有接收了该编队标志的其他编队在收到其最优策略后会消除其令牌。然后不断重复上述步骤，直到所有编队都只拥有自身的令牌。

如图 8.5 所示，在某一空域有四个无人机编队，部分编队对空域不完全了解，即不能完全探测到该空域内其他所有无人机编队。编队间的连线无人机能够相互探测，并由关键度高的编队指向关键度低的编队。表 8.1 记录了在一次协调过程中不同步骤的标志。步骤 1 中，编队 S_1 通过与编队 S_2 和编队 S_3 协调确定了最优策略；步骤 2 中，编队 S_3 考虑编队 S_1 的最优策略，然后与编队 S_2 和编队 S_4 协同确定最优策略；步骤 3 中，编队 S_2 考虑编队 S_1

与编队 S_3 的最优策略，然后与编队 S_4 协调确定最优策略；步骤 4 中，编队 S_4 考虑编队 S_1、编队 S_2 与编队 S_3 的最优策略，然后确定最优策略。

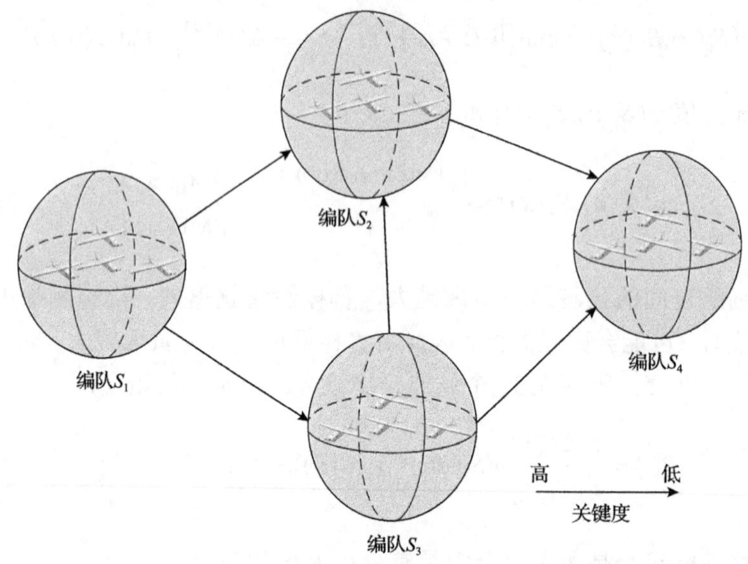

图 8.5 编队的网络结构

表 8.1 不同步骤的标志

标志	步骤 1	步骤 2	步骤 3	步骤 4
编队 S_1	无*	无	无	无
编队 S_2	(2，3)	(3)	无*	无
编队 S_3	(1)	无*	无	无
编队 S_4	(1，2，3)	(2，3)	(2)	无*

*关键度最高。

确定最优策略后不一定意味着要立即执行，而仅仅是在碰撞不可避免时提供逃生方案。在防撞机动激活前，无人机编队状态的更新、候选策略的产生以及计划航迹的共享都会按照一定的固定频率连续进行。

在高度动态和复杂的空域中，存在传输延迟和数据丢失的可能性。防撞的挑战在于实现对象间的完全协调。如图 8.6(a)所示，假设在每一帧，无人机均更新自身状态，生成计划航迹，分享至合作对象，编队间进行协调并确定最优策略，若存在传输延迟或者数据丢失，则有可能出现协调不同步的情况。为了解决这个问题，本书引入了协调阻尼的策略。如图 8.6(b) 所示，每个循环包含四个帧。对于周期性选择的帧，无人机编队更新自身状态，生成相应的计划轨迹，筛选出三个候补防撞策略，在随后合作的对象间进行共享，然后确定最优策略。而在其他帧中，协调不进行，三个候选策略保持不变，但相应的计划轨迹会更新以考虑状态的变化。更新后的计划轨迹通过数据链路广播，以共享最新情况。该设计增加了系统的冗余度，提高了系统的鲁棒性，保证了系统在接收到多个几乎重复的数据集后进行协调，减少了数据丢失和传输延迟的影响。

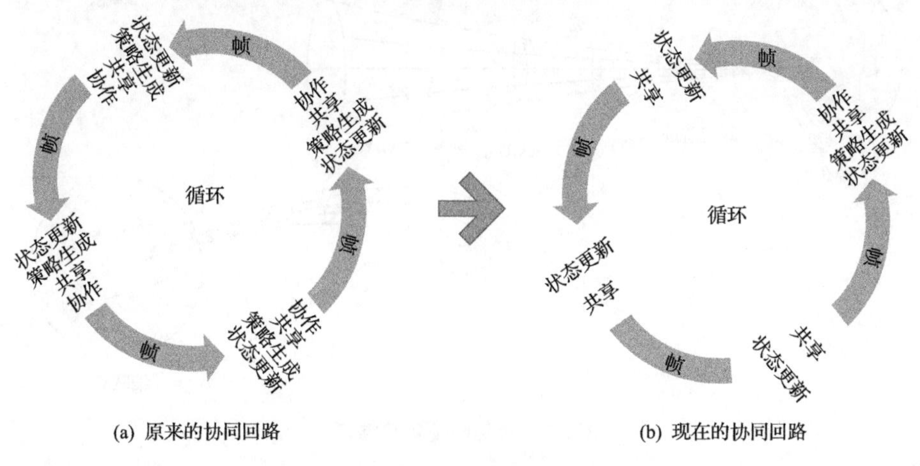

图 8.6　协同回路

8.4　编队防撞机动的激活

冲突检测与防撞算法应尽量减少对于无人机编队正常飞行的干扰。该方法的原则是“不要干扰”[42]，这意味着尽可能晚地激活防撞机动。在无人机防撞过程中，存在一个激活防撞机动的临界时刻。在临界时刻之前，无人机编队存在多种防撞策略；而在临界时刻，一对无人机只有同时采取最优防撞策略才能避免碰撞；一旦过了临界时刻，在无人机转弯半径等自身性能的限制下，无论采取何种防撞策略都无法避免碰撞。如图 8.7 所示，临界时刻是当无人机最优防撞策略对应的计划航迹互相接触的时刻。

当多个无人机编队发生冲突时，任何一对率先到达临界时刻的编队都要激活最优防撞策略，而其他编队则继续原有飞行路径。如图 8.7 所示，编队 S_1

同时与编队 S_2 和编队 S_3 发生冲突。因此，编队 S_1 和编队 S_2 率先进入临界时刻，激活最优防撞策略，然后按照所对应的轨迹飞行，而编队 S_3 没有到达临界时刻，所以继续按照既定轨迹飞行。

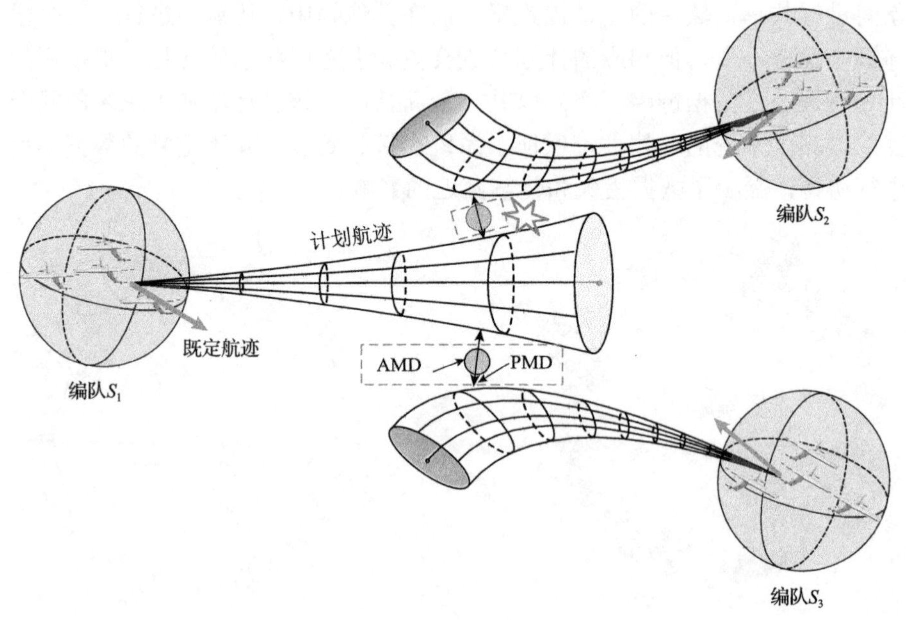

图 8.7　最优防撞策略激活

为了确定何时激活防撞机动，需要将最优防撞策略对应的计划航迹间的预测最小距离(PMD)和最小允许间距(AMD)进行比较。当预测最小距离小于最小允许间距时，激活防撞机动。最小允许间距不是一个固定值，可以根据安全需求进行调整。

8.5　示例分析

对于冲突检测和防撞方法，最大的挑战是多机冲突和连锁冲突。前者是一组编队同时遭遇多架入侵无人机，后者是编队接连遭遇多架入侵无人机。为了验证本章方法的有效性，设计了两个典型极端场景。第一个是五机冲突场景，第二个四机连环冲突场景。这两个场景在实际中并不多见，但对于方法的检验很有必要。实验所基于的仿真平台为 Windows 10 操作系统，MATLAB 2017b 运算平台，仪器设备为 Intel i7-8750H 处理器，2.20GHz，

8GB 运行内存。其中多编队场景耗时 5 分 40 秒，连环冲突场景耗时为 5 分 42 秒。

固定翼无人机动力学模型等参数条件与 4.5.1 节相同。

8.5.1　五机冲突场景

如图 8.8 所示，有五组无人机编队，它们都在一定空域内自主、独立地巡航。表 8.2 记录了五组编队领机的飞行参数。五组无人机编队按照既定

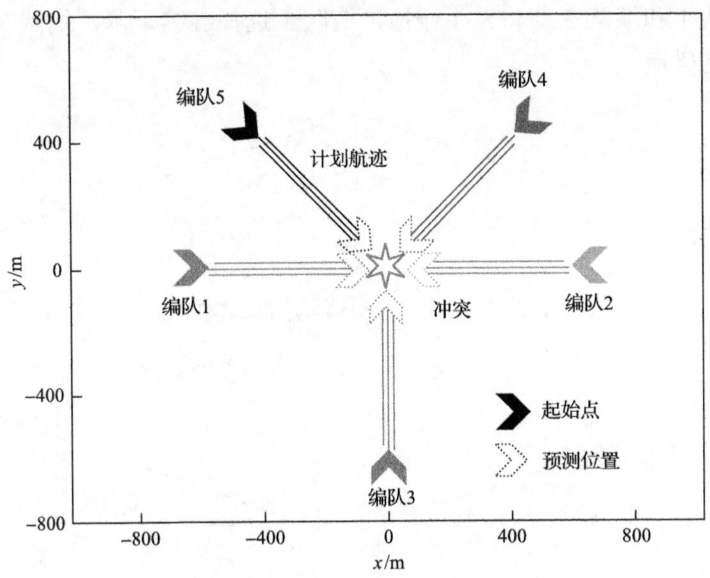

图 8.8　五机冲突场景无人机编队的初始轨迹

表 8.2　五机冲突场景初始状态

无人机	初始位置 /m	初始速度 /(m/s)	初始角度 /rad
领机 1	(−600, 0, 500)	40	(0, 0, 0)
领机 2	(600, 0, 500)	40	(π, 0, 0)
领机 3	(0, −600, 500)	40	(π/2, 0, 0)
领机 4	(424.3, 424.3, 500)	40	(−3π/4, 0, 0)
领机 5	(−424.3, 424.3, 500)	40	(−π/4, 0, 0)

轨迹飞行会在某空间点交叉，这意味着若不采取措施，五组编队会发生多机碰撞。

图 8.9 记录了五组无人机编队在三维空间的实际轨迹。对无人机 60s 飞行的仿真时间为 4.45s。五组编队采取了不同策略来避免碰撞，包括水平方向和垂直方向。在时刻 10s，编队 2 和编队 4 间将要发生碰撞，编队 2 选择向右大滚，编队 4 选择爬升来避免碰撞。在 12.0s，编队 1 和编队 5 即将发生碰撞，编队 1 选择下降，编队 5 选择向右大滚来避免碰撞。在 13.3s 时，编队 1 和编队 3 即将发生碰撞，编队 1 选择继续下降，编队 3 选择爬升来避免碰撞。

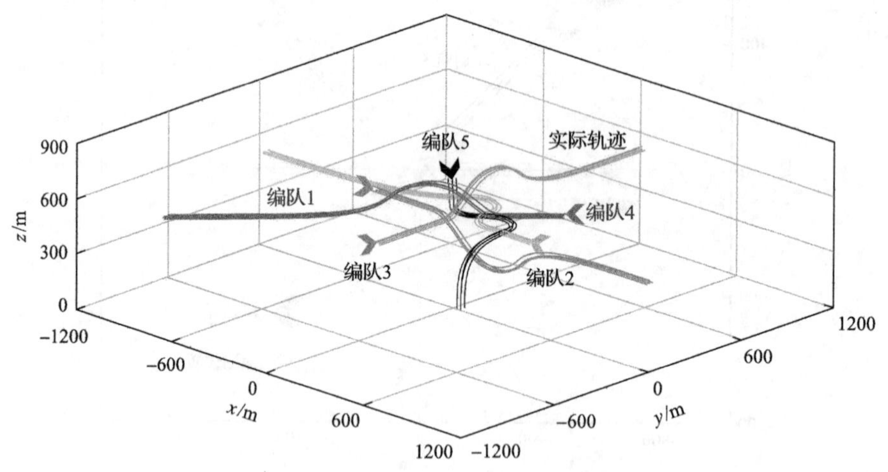

图 8.9　五机冲突场景三维空间的防撞过程

图 8.10 记录了无人机在水平方向的实际轨迹，编队 2 和编队 5 在水平方向移动以避免碰撞，而编队 1、编队 3 和编队 4 在垂直方向移动以避免碰撞。编队 2、编队 3、编队 4 和编队 5 通过一次机动便成功避免碰撞并飞越了冲突区域，而编队 1 由于连环冲突进行了两次机动来避免碰撞，防撞机动一般在碰撞前 1～3s 激活。

图 8.11 记录了编队间随时间变化的相对距离，表 8.3 记录了在整个运动过程中编队间的最小距离。编队间的最小距离始终大于安全距离，本章所提方法的有效性在五机冲突场景中得到有效验证。

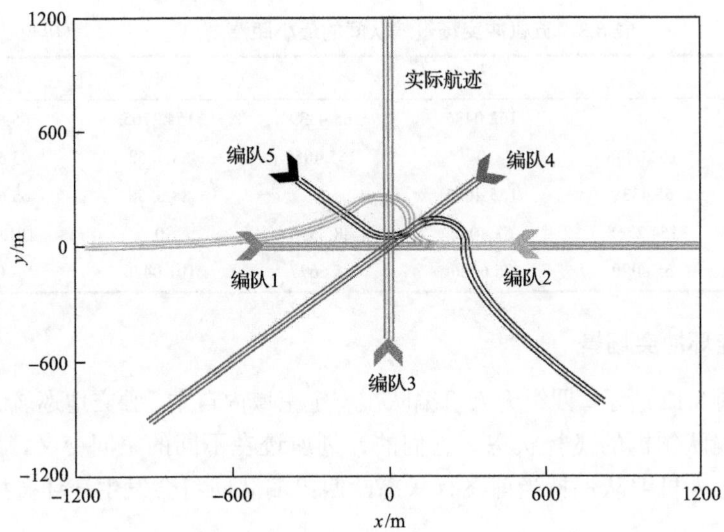

图 8.10　五机冲突场景防撞过程的水平方向展示

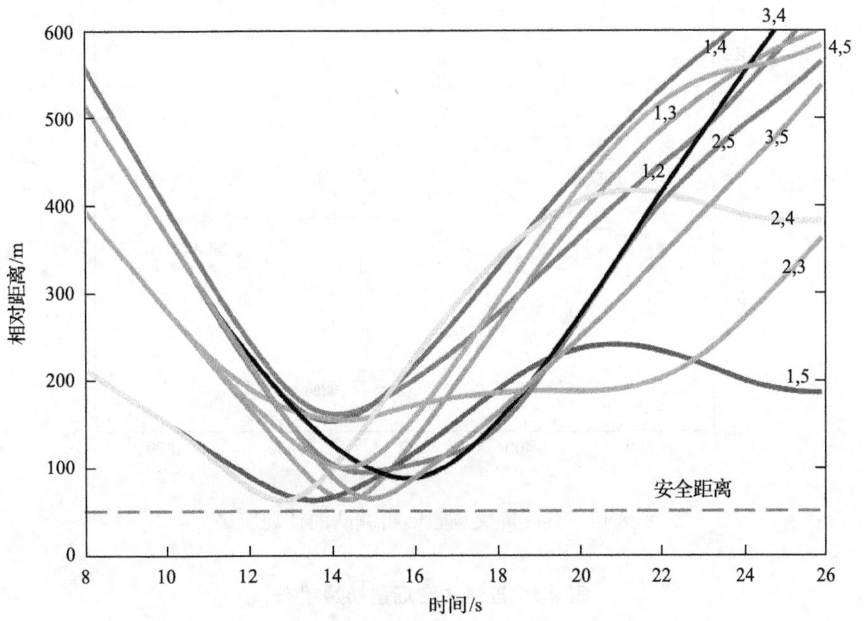

图 8.11　五机冲突场景无人机编队间相对距离

i，j 代表编队 i 和编队 j 之间的距离

表 8.3　五机冲突场景编队间的最小距离　(单位：m)

编队	1	2	3	4	5
1	0	162.0436	65.4339	154.2765	65.8099
2	162.0436	0	155.4052	63.4062	95.6226
3	65.4339	155.4052	0	88.6550	65.6677
4	154.2765	63.4062	88.6550	0	101.0476
5	65.8099	95.6226	65.6677	101.0476	0

8.5.2　连环冲突场景

如图 8.12 所示，四组无人机编队在一定空域内自主、独立地巡航。表 8.4 记录了编队领机的飞行状态。它们的计划航迹在不同的空间交叉，这意味着如果无人机编队保持当前飞行状态，四组编队间将会发生连环碰撞。

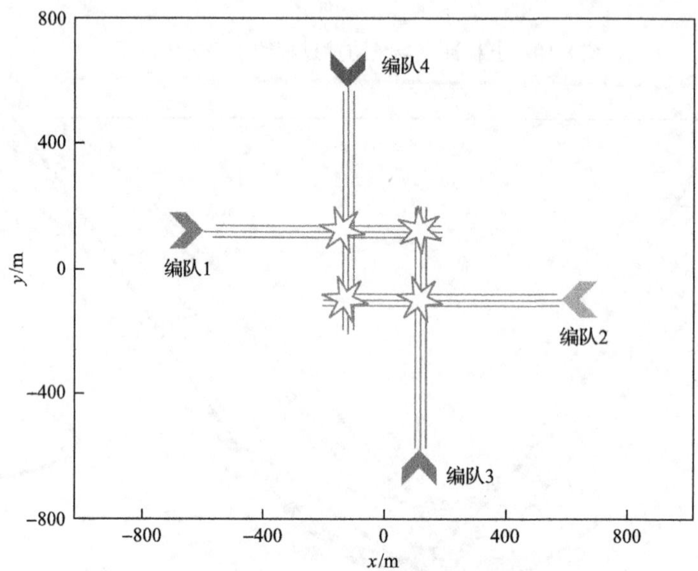

图 8.12　连环冲突场景四组编队的计划航迹

表 8.4　连环冲突场景初始状态

无人机	初始位置 /m	初始速度 /(m/s)	初始角度 /rad
领机 1	(−610, 120, 500)	40	(0, 0, 0)
领机 2	(600, −100, 500)	40	(π, 0, 0)

续表

无人机	初始位置 /m	初始速度 /(m/s)	初始角度 /rad
领机 3	(120, –600, 500)	40	(π/2, 0, 0)
领机 4	(–120, 600, 500)	40	(–π/2, 0, 0)

图 8.13 记录了四组无人机编队在三维空间的轨迹。整个连环冲突的持续时间为 60s，仿真时间为 3.52s，四组无人机编队采取不同的机动以避免碰撞，包括水平机动和垂直机动。在 9.7s 时，编队 1 和编队 4 之间的碰撞即将发生，编队 1 选择向右大滚，编队 4 选择向左大滚以避免碰撞。在 10.0s，编队 2 和编队 3 间的碰撞即将发生，编队 2 选择向右大滚，编队 3 选择俯冲以避免碰撞。在 13.8s 时，编队 2 和编队 4 之间的碰撞即将发生，编队 2 选择爬升，编队 4 选择俯冲以避免碰撞。

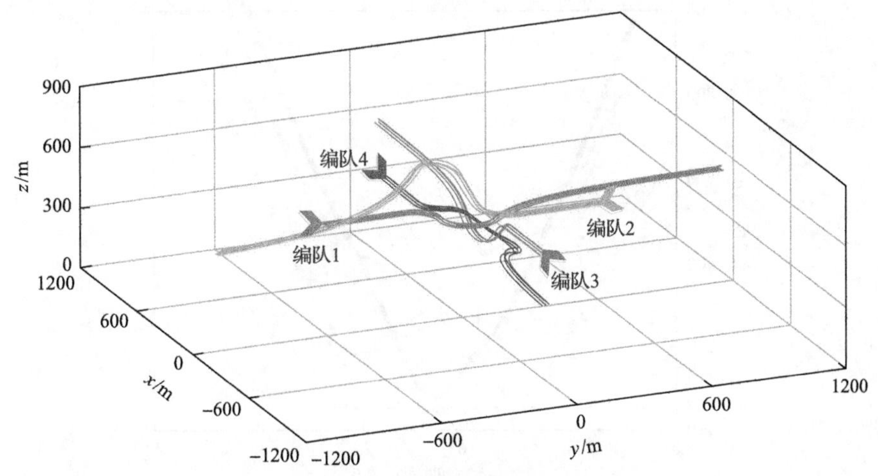

图 8.13　连环冲突场景三维空间的防撞过程

图 8.14 记录无人机编队在水平方向的实际轨迹。编队 1、编队 2 和编队 4 在水平方向机动以避免冲突，编队 2、编队 3 和编队 4 在垂直方向机动以避免冲突。编队 3 通过一次防撞机动便成功通过冲突区域，编队 1、编队 2、编队 4 通过两次机动来避免连环冲突，防撞策略的激活一般在冲突发生前 1～3s。

图 8.15 记录了编队内部无人机间的相对距离，表 8.5 记录了无人机编队间的最小距离。编队间的最小距离始终大于安全距离，本章所提方法的有效性在连环冲突场景下得到了有效验证。

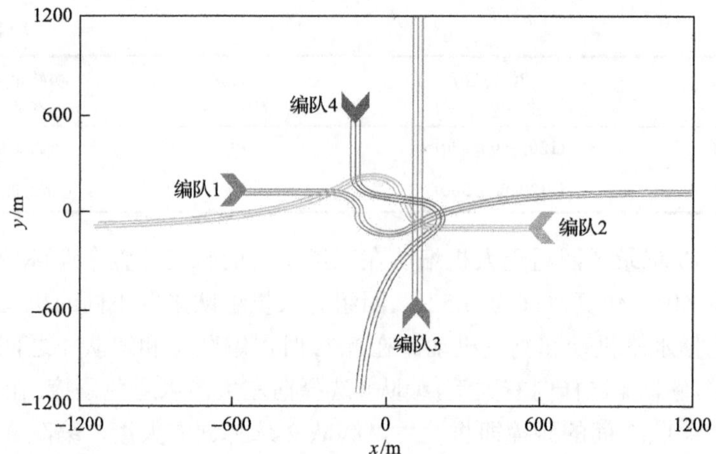

图 8.14　连环冲突场景防撞过程在水平方向的展示

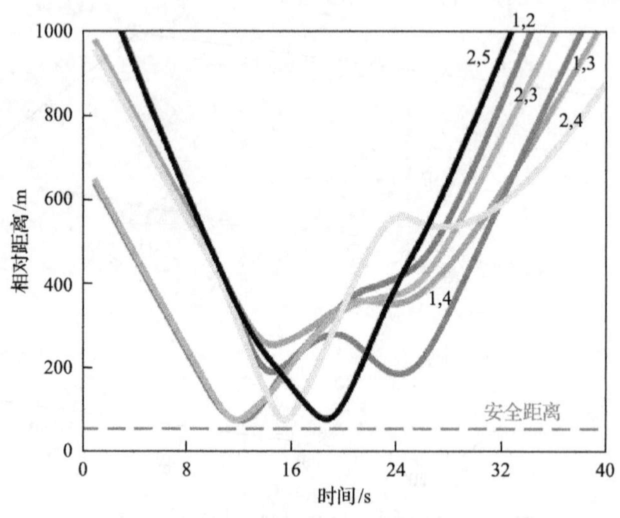

图 8.15　连环冲突场景编队的相对距离

表 8.5　连环冲突场景编队间的最小距离　　（单位：m）

编队	1	2	3	4
1	0	184.3692	248.2018	67.2812
2	184.3692	0	68.9657	69.0048
3	248.2018	68.2018	0	71.1209
4	67.2812	69.0048	71.1209	0

8.6 本 章 小 结

本章提出了面向无人机编队的混合式防撞策略。面向无人机编队间的防撞问题，本章构建了集中/分布式的混合编队结构，即无人机编队内采取集中式控制，编队间采取分布式控制，当一组编队遇到外部威胁时，将该编队视为一个控制对象，并作为一个整体运动。领机作为编队的控制中心，负责与其他编队沟通协同，并生成编队的无碰撞轨迹，编队内僚机跟随领机运动，收敛到指定轨迹。最后通过设置五机冲突场景和连环冲突场景对本章所提方法的有效性进行了证明。

参 考 文 献

[1] Wang X H, Yadav V, Balakrishnan S N. Cooperative UAV formation flying with obstacle/collision avoidance[J]. IEEE Transactions on Control Systems Technology, 2007, 15(4): 672-679.

[2] Kuriki Y, Namerikawa T. Consensus-based cooperative formation control with collision avoidance for a multi-UAV system[C]. American Control Conference, 2014: 2077-2082.

[3] Kuriki Y, Namerikawa T. Formation control with collision avoidance for a multi-UAV system using decentralized MPC and consensus-based control[J]. SICE Journal of Control, Measurement, and System Integration, 2015, 8(4): 285-294.

[4] Chang K, Xia Y Q, Huang K L. UAV formation control design with obstacle avoidance in dynamic three-dimensional environment[J]. SpringerPlus, 2016, 5: 1124.

[5] Seo J, Kim Y, Kim S, et al. Collision avoidance strategies for unmanned aerial vehicles in formation flight[J]. IEEE Transactions on Aerospace and Electronic Systems, 2017, 53(6): 2718-2734.

[6] Ali Q, Montenegro S. Explicit model following distributed control scheme for formation flying of mini UAVs[J]. IEEE Access, 2016, 4: 397-406.

[7] Zhang M H, Du W B. Formation flight and collision avoidance for multiple UAVs based on modified tentacle algorithm in unstructured environments[J]. PLoS One, 2017, 12(8): e0182006.

[8] 秦昂, 张登成, 魏扬. 多无人机编队队形保持优化控制仿真研究[J]. 飞行力学, 2017, 35(6): 44-48.

[9] 张佳龙, 闫建国, 张普, 等. 基于改进人工势场的无人机编队避障控制研究[J]. 西安交通大学学报, 2018, 52(11): 112-119.

[10] 刘艳, 阳周明, 冯运铎, 等. 基于改进人工势能的无人机编队与避障[J]. 火力与指挥控制, 2018, 43(12): 116-120, 125.

[11] 高晔, 周军, 谢亚恩, 等. 多无人机编队突发威胁规避路径规划算法[J]. 哈尔滨工程大学学报, 2019, 40(12): 2036-2043.

[12] 李文光, 王强, 曹严. 基于 GPU 的大规模无人机编队控制并行仿真方法[J]. 弹箭与制导学报, 2019, 39(4): 118-122.

[13] 谌海云, 陈华胄, 刘强. 基于改进人工势场法的多无人机三维编队路径规划[J]. 系统仿真学报, 2020, 32(3): 414-420.

[14] 毛琼, 李小民, 王正军. 基于规则的无人机编队队形构建与重构控制方法[J]. 系统工程与电子技术, 2019, 41(5): 1118-1126.

[15] 顾伟, 汤俊, 白亮, 等. 面向时间协同的多无人机队形变换最优效率模型[J]. 航空学报, 2018, 40(6): 192-200.

[16] 吕永申, 刘力嘉, 杨雪榕, 等. 人工势场与虚拟结构相结合的无人机集群编队控制[J]. 飞行力学, 2019, 37(3): 43-47.

[17] 景晓年, 梁晓龙, 孙强, 等. 基于规则的无人机集群运动控制[J]. 计算机仿真, 2016, 33(9): 50-54.

[18] 谢媛艳, 王毅, 马忠军. 领导-跟随多智能体系统的滞后一致性[J]. 物理学报, 2014, 63(4): 17-21.

[19] Braga R G, Silva R C D, Ramos A C B, et al. Collision avoidance based on Reynolds rules: A case study using quadrotors[M]//Kacprzyk J. Advances in Intelligent Systems and Computing. Berlin: Springer, 2018.

[20] Kang S, Choi H, Kim Y. Formation flight and collision avoidance for multiple UAVs using concept of elastic weighting factor[J]. International Journal of Aeronautical & Space Sciences, 2013, 14(1): 75-84.

[21] 王晓燕, 王新民, 姚从潮. 无人机编队飞行神经网络自适应逆控制器设计[J]. 控制与决策, 2013, 28(6): 837-843.

[22] Cifuentes S, Girón-Sierra J M, Jiménez J. Virtual fields and behaviour blending for the coordinated navigation of robot teams: Some experimental results[J]. Expert Systems with Applications, 2015, 42(10): 4778-4796.

[23] Virágh C, Vásárhelyi G, Tarcai N, et al. Flocking algorithm for autonomous flying robots[J]. Bioinspiration & Biomimetics, 2014, 9(2): 025012.

[24] Vicsek T, Zafeiris A. Collective motion[J]. Physics Reports, 2012, 517(3/4): 71-140.

[25] Reynolds C W. Flocks, herds, and schools: A distributed behavioral model[J]. ACM SIGGRAPH Computer Graphics, 1987, 21(4): 25-34.

[26] Vicsek T, Czirók A, Ben-Jacob E, et al. Novel type of phase transition in a system of self-driven particles[J]. Physical Review Letters, 2006, 75(6): 1226-1229.

[27] Olfati-Saber R. Flocking for multi-agent dynamic systems: Algorithms and theory[J]. IEEE Transactions on Automatic Control, 2006, 51(3): 401-420.

[28] Han J, Li M, Guo L. Soft control on collective behavior of a group of autonomous agents by a shill agent[J]. Journal of Systems Science and Complexity, 2006, 19(1): 54-62.

[29] Ballerini B, Cabibbo N, Candelier R, et al. Interaction ruling animal collective behavior depends on topological rather than metric distance: Evidence from a field study[J]. Proceedings of the National Academy of Sciences, 2008, 105(4): 1232-1237.

[30] Hauert S, Leven S, Varga M, et al. Reynolds flocking in reality with fixed-wing robots: Communication range vs. maximum turning rate[C]. IEEE/RSJ International Conference on Intelligent Robots and Systems, San Francisco, 2011: 5015-5020.

[31] Clark J B, Jacques D R. Flight test results for UAVs using boid guidance algorithms[J]. Procedia Computer Science, 2012, 8: 232-238.

[32] Quintero S A P, Collins G E, Hespanha J P. Flocking with fixed-wing UAVs for distributed sensing: A stochastic optimal control approach[C]. American Control Conference, 2013.

[33] Sajwan M, Gosain D, Surani S. Flocking behaviour simulation: Explanation and enhancements in boid algorithm[J]. International Journal of Computer Science and Information Technologies, 2014, 5(4): 5539-5544.

[34] Vásárhelyi G, Virágh C, Somorjai G. Outdoor flocking and formation flight with autonomous aerial robots[C]. IEEE/RSJ International Conference on Intelligent Robots and Systems, 2014.

[35] Kownacki C, Ołdziej D. Flocking algorithm for fixed-wing unmanned aerial vehicles[M]//Holzapfel F, Theil S. Advances in Aerospace Guidance, Navigation and Control. Berlin: Springer, 2015.

[36] Kownacki C, Ołdziej D. Fixed-wing UAVs flock control through cohesion and repulsion behaviours combined with a leadership[J]. International Journal of Advanced Robotic Systems, 2016, 13(1): 36.

[37] Qiu H X, Duan H B. Pigeon interaction mode switch-based UAV distributed flocking control under obstacle environments[J]. ISA Transactions, 2017, 71: 93-102.

[38] de Benedetti M, D'Urso F, Fortino G, et al. A fault-tolerant self-organizing flocking approach for UAV aerial survey[J]. Journal of Network & Computer Applications, 2017, 96: 14-30.

[39] Di B, Zhou R, Duan H. Potential field based receding horizon motion planning for centrality-aware multiple UAV cooperative surveillance[J]. Aerospace Science and Technology, 2015, 46: 386-397.

[40] Qiu H X, Duan H B. A multi-objective pigeon-inspired optimization approach to UAV distributed flocking among obstacles[J]. Information Sciences, 2020, 509: 515-529.

[41] Vásárhelyi G, Virágh C, Somorjai G, et al. Optimized flocking of autonomous drones in confined environments[J]. Science Robotics, 2018, 3(20): 1-13.

[42] Richards A G, How J P. Aircraft trajectory planning with collision avoidance using mixed integer linear programming[C]. American Control Conference, 2002.

[43] Kwag Y K, Kang J W. Obstacle awareness and collision avoidance radar sensor system for low-altitude flying smart UAV[C]. Digital Avionics Systems Conference, 2004.

[44] Christodoulou M A, Kodaxakis S G. Automatic commercial aircraft-collision avoidance in free flight: The three-dimensional problem[J]. IEEE Transactions on Intelligent Transportation Systems, 2006, 7(2): 242-249.

[45] Vivona R, Karr D, Roscoe D. Pattern-based genetic algorithm for airborne conflict resolution[C]. AIAA Guidance, Navigation, and Control Conference and Exhibit, 2006.

[46] Park J W, Oh H D, Tahk M J. UAV collision avoidance based on geometric approach[C]. SICE Annual Conference, 2008.

[47] Manathara J G, Ghose D. Reactive collision avoidance of multiple realistic UAVs[J]. Aircraft Engineering and Aerospace Technology, 2011, 83(6): 388-396.

[48] Zsedrovits T, Zarándy Á, Vanek B, et al. Collision avoidance for UAV using visual detection[C]. IEEE International Symposium on Circuits & Systems, 2011.

[49] Chakravarthy A, Ghose D. Generalization of the collision cone approach for motion safety in 3-D environments[J]. Autonomous Robots, 2012, 32(3): 243-266.

[50] Cafieri S, Durand N. Aircraft deconfliction with speed regulation: New models from mixed-integer optimization[J]. Journal of Global Optimization, 2014, 58(4): 613-629.

[51] Ruiz S, Piera M A, Del Pozo I. A medium term conflict detection and resolution system for terminal maneuvering area based on spatial data structures and 4D trajectories[J]. Transportation Research Part C: Emerging Technologies, 2013, 26: 396-417.

[52] Yang L, Qi J, Xiao J, et al. A literature review of UAV 3D path planning[C]. Proceedings of the 11th World Congress on Intelligent Control and Automation, 2014: 2376-2381.

[53] Durand N, Alliot J M, Médioni F. Neural nets trained by genetic algorithms for collision avoidance[J]. Applied Intelligence: The International Journal of Artificial, Intelligence, Neural Networks, and Complex Problem-Solving Technologies, 2000, 13(3): 205-213.

[54] Yu X, Zhang Y M. Sense and avoid technologies with applications to unmanned aircraft systems: Review and prospects[J]. Progress in Aerospace Sciences, 2015, 74: 152-166.

[55] Yang J, Yin D, Cheng Q, et al. Two-layer optimization to cooperative conflict detection and resolution for UAVs[C]. IEEE International Conference on Intelligent Transportation Systems, 2015.

[56] Alonso-Ayuso A, Escudero L F, Martín-Campo F J, et al. A VNS metaheuristic for solving the aircraft conflict detection and resolution problem by performing turn changes[J]. Journal of Global Optimization, 2015, 63(3): 583-596.

[57] Alonso-Ayuso A, Escudero L F, Martín-Campo F J. Multiobjective optimization for aircraft conflict resolution. A metaheuristic approach[J]. European Journal of Operational Research, 2016, 248(2): 691-702.

[58] Roelofsen S, Martinoli A, Gillet D. 3D collision avoidance algorithm for unmanned aerial vehicles with limited field of view constraints[C]. IEEE 55th Conference on Decision & Control, 2016.

[59] Tang J, Piera M A, Guasch T. Coloured Petri net-based traffic collision avoidance system encounter model for the analysis of potential induced collisions[J]. Transportation Research Part C: Emerging Technologies, 2016, 67: 357-377.

[60] Soler M, Kamgarpour M, Lloret J, et al. A hybrid optimal control approach to fuel-efficient aircraft conflict avoidance[J]. IEEE Transactions on Intelligent Transportation Systems, 2016, 17(7): 1826-1838.

[61] Alonso-Ayuso A, Escudero L F, Martín-Campo F J. An exact multi-objective mixed integer nonlinear optimization approach for aircraft conflict resolution[J]. TOP, 2016, 24(2): 381-408.

[62] Tang J. Review: Analysis and improvement of traffic alert and collision avoidance system[J]. IEEE Access, 2017, 5: 21419-21429.

[63] Jenie Y I, van Kampen E J, Ellerbroek J, et al. Taxonomy of conflict detection and resolution approaches for unmanned aerial vehicle in an integrated airspace[J]. IEEE Transactions on Intelligent Transportation Systems, 2017, 18(3): 558-567.

[64] Lin Y C, Saripalli S. Sampling-based path planning for UAV collision avoidance[J]. IEEE Transactions on Intelligent Transportation Systems, 2017, 18(11): 3179-3192.

[65] 朴海音, 王鹤, 魏瑞轩, 等. 动态威胁下的合作型无人机自主防撞控制[J]. 电光与控制, 2017, (3): 32-35.

[66] 毛琼, 张代兵, 李小民, 等. 基于邻域跟随与辨识的无人机集群控制与规避策略[J]. 系统工程与电子技术, 2018, 40(9): 2071-2078.

[67] Tang J, Zhu F. Graphical modelling and analysis software for state space-based optimization of discrete event systems[J]. IEEE Access, 2018, 6: 38385-38398.

[68] 朱创创, 梁晓龙, 孙强, 等. 无人机集群自组织避障建模与控制策略研究[J]. 飞行力学, 2018, 36(1): 46-51.

[69] Vagilienti B, Hoag R. Piccolo system user guide[Z]. Hood River: Cloud Cap Technologies, 2004.

[70] Bayraktar S, Fainekos G E, Pappas G J. Experimental cooperative control of fixed-wing unmanned aerial vehicles[C]. The 43rd IEEE Conference on Decision and Control, 2004.

[71] Alliot J M, Durand N, Granger G. Faces: A free flight autonomous and coordinated embarked solver[J]. Air Traffic Control Quarterly, 2000, 8(2): 109-130.

[72] Granger G, Durand N, Alliot J M. Token allocation strategy for free-flight conflict solving[C]. International Association of Arson Investigators, 2001: 59-64.

[73] Kuriki Y, Namerikawa T. Formation control of UAVs with a fourth-order flight dynamics[J]. SICE Journal of Control, Measurement, and System Integration, 2014, 7(2): 74-81.

[74] Godsil C, Royle G F. Algebraic Graph Theory[M]. Berlin: Springer Science & Business Media, 2013.

[75] Bayezit I, Fidan B. Distributed cohesive motion control of flight vehicle formations[J]. IEEE Transactions on Industrial Electronics, 2012, 60(12): 5763-5772.

[76] Wu J, Tan S Y, Liu Z, et al. Enhancing structural robustness of scale-free networks by information disturbance[J]. Scientific Reports, 2017, 7(1): 1-13.

[77] Lü L, Chen D, Ren X L, et al. Vital nodes identification in complex networks[J]. Physics Reports, 2016, 650: 1-63.

[78] Morone F, Makse H A. Influence maximization in complex networks through optimal percolation[J]. Nature, 2015, 524(7563): 65-68.

[79] Ding J, Wen C Y, Li G Q. Key node selection in minimum-cost control of complex networks[J]. Physica A: Statistical Mechanics and Its Applications, 2017, 486: 251-261.

[80] Tan Y J, Wu J. Network structure entropy and its application to scale-free networks[J]. Systems Engineering—Theory & Practice, 2004, 24(6): 1-3.

[81] Tan Y J, Wu J, Deng H Z. Evaluation method for node importance based on node contraction in complex networks[J]. Systems Engineering—Theory & Practice, 2006, 11(11): 79-83.

[82] Brooker P. Airborne collision avoidance systems and air traffic management safety[J]. Journal of Navigation, 2005, 58(1): 1-16.

[83] Archibald J K, Hill J C, Jepsen N A, et al. A satisficing approach to aircraft conflict resolution[J]. IEEE Transactions on Systems, Man, and Cybernetics, Part C (Applications and Reviews), 2008, 38(4): 510-521.

[84] George J, Ghose D. A reactive inverse PN algorithm for collision avoidance among multiple unmanned aerial vehicles[C]. American Control Conference, 2009: 3890-3895.

[85] Tang J, Fan L, Lao S. Collision avoidance for multi-UAV based on geometric optimization model in 3D airspace[J]. Arabian Journal for Science and Engineering, 2014, 39(11): 8409-8416.

[86] Olfati-Saber R, Fax J A, Murray R M. Consensus and cooperation in networked multi-agent systems[J]. Proceedings of the IEEE, 2007, 95(1): 215-233.

[87] Liu J Y, Guo Z Q, Liu S Y. The simulation of the UAV collision avoidance based on the artificial potential field method[J]. Advanced Materials Research, 2012, 591: 1400-1404.

[88] McIntyre D, Naeem W, Xu X. Cooperative obstacle avoidance using bidirectional artificial potential fields[C]. UKACC 11th International Conference on Control, 2016: 1-6.

[89] Saber R O, Murray R M. Consensus protocols for networks of dynamic agents[C]. American Control Conference, 2003.

[90] Grocholsky B, Makarenko A, Durrant-Whyte H. Information-theoretic coordinated control of multiple sensor platforms[C]. IEEE International Conference on Robotics and Automation, 2003: 1521-1526.

[91] Hernandez M L. Optimal sensor trajectories in bearings-only tracking[C]. Proceedings of the Seventh International Conference on Information Fusion, 2004: 893-900.

[92] Ousingsawat J, Campbell M. Establishing trajectories for multi-vehicle reconnaissance[C]. AIAA Guidance, Navigation, and Control Conference and Exhibit, 2004: 1-12.

[93] Bellingham J, Tillerson M, Richards A, et al. Multi-task allocation and path planning for cooperating UAVs[M]//Butenko S, Murphey R, Pardalos P. Cooperative Control: Models, Applications and Algorithms. Boston: Springer, 2003: 23-41.

[94] Alighanbari M. Robust and decentralized task assignment algorithms for UAVs[D]. Cambridge: Massachusetts Institute of Technology, 2007.

[95] Liu K, Zhang J, Zhang T. The clustering algorithm of UAV networking in near-space[C]. The 8th International Symposium on Antennas, Propagation and EM Theory, 2008: 1550-1553.

[96] Wan Y, Tang J, Lao S Y. Research on the collision avoidance algorithm for fixed-wing UAVs based on maneuver coordination and planned trajectories prediction[J]. Applied Sciences, 2019, 9(4): 798.

[97] Wan Y, Tang J, Lao S Y. Distributed conflict-detection and resolution algorithms for multiple UAVs based on key-node selection and strategy coordination[J]. IEEE Access, 2019, 7: 42846-42858.